乡村振兴战略·浙江省农民教育培训用书

沼液科学施用技术与应用示范

浙江省农业农村厅 组编

浙江科学技术出版社

版权所有　侵权必究

图书在版编目(CIP)数据

沼液科学施用技术与应用示范/浙江省农业农村厅组编.—杭州:浙江科学技术出版社,2022.6(2023.2重印)

乡村振兴战略·浙江省农民教育培训用书

ISBN 978-7-5739-0017-3

Ⅰ.①沼… Ⅱ.①浙… Ⅲ.①有机肥料—液体肥料—施肥—技术培训—教材 Ⅳ.①S141

中国版本图书馆CIP数据核字(2022)第059839号

丛 书 名	乡村振兴战略·浙江省农民教育培训用书
书　　名	沼液科学施用技术与应用示范
组　　编	浙江省农业农村厅
出版发行	浙江科学技术出版社
	杭州市体育场路347号　邮政编码:310006
	编辑部电话:0571-85152719
	销售部电话:0571-85176040
	网址:www.zkpress.com
	E-mail:zkpress@zkpress.com
排　　版	杭州万方图书有限公司
印　　刷	浙江新华数码印务有限公司
开　　本	710mm×1000mm　1/16　印张　8.75
字　　数	138千字
版　　次	2022年6月第1版　印次　2023年2月第2次印刷
书　　号	ISBN 978-7-5739-0017-3　定价　30.00元

责任编辑	詹　喜	文字编辑	周乔俐
责任校对	赵　艳	责任美编	金　晖
责任印务	叶文炀		

"乡村振兴战略·浙江省农民教育培训用书"
编委会

主　　任	唐冬寿				
副　主　任	陈百生	王仲淼			
委　　员	田　丹	林宝义	黄立诚	徐晓林	孙奎法	张友松
	吴　涛	陆剑飞	虞轶俊	郑永利	李志慧	丁雪燕
	宋美娥	梁大刚	柏　栋	赵佩欧	周海明	周　婷
	马国江	赵剑波	罗鸷峰	徐　波	陈勇海	鲍　艳

《沼液科学施用技术与应用示范》
编写人员

主　　编　刘银秀　董越勇

副　主　编　李建伟　周雪娥　聂新军

编　　写（按姓氏笔画排序）

丁少华	王　强	叶　明	叶　波	叶勇标	吕　方
朱定松	刘国强	刘海亚	刘银秀	池永清	严　波
李建伟	杨旭斌	吴锦妁	吴颖芬	应孟飞	张　硕
张少源	张素娥	陈丽芬	陈照明	范志斌	林昌勇
罗小平	罗鸷峰	岳　鹏	金　晖	金　娟	周　琼
周　婷	周健驹	周雪娥	项朝旭	赵一斌	胡　斌
胡惠珍	茹　美	姚光伟	聂新军	党洪阳	倪春霄
徐　坚	翁佳丽	陶　驹	陶卫平	尉吉乾	董越勇
傅建舟	鲁长根	颜雯婷			

前言

党中央、国务院高度重视农业农村废弃物资源化利用工作。1974年，习近平同志在梁家河插队时就参与建设发展农村沼气，解决当地农村能源问题。2021年8月，农业农村部等六部委联合出台《"十四五"全国农业绿色发展规划》，明确提出要"牢固树立保护环境就是保护生产力、改善环境就是发展生产力的理念，加快推行绿色生产方式，科学使用农业投入品，循环利用农业废弃物，有效遏制农业面源污染"。

多年来，浙江省以现代生态循环农业为抓手，通过发展农村规模化沼气工程，不断推进农村废弃物资源化利用水平提升，大幅提高农村清洁用能比例，有力推进农业农村生产生活方式绿色转型。农村规模化沼气工程是发展现代生态循环农业的一把"钥匙"，除沼气之外，还为农业生产提供了优质有机肥料——沼液。沼液农田消纳是目前沼液资源化利用的主要途径，它能有效减少化肥施用，成为土壤的"改良剂"，能减少废弃物排放，成为污染的"消纳器"，还能供给全面且丰富的元素，成为农产品的"营养源"。

但是沼液成分多样且含量差异较大，农作物对其吸收程度也有差别，同时也含有重金属等不利于农作物生长及危害人体健康的有害物质，若不科学施用，会带来农作物减产及品质下降、污染周边环境、土壤重金属超标、抗生素残留、次生盐渍化等风险。如何科学高效地施用沼液，是摆在我们面前的重要课题。

浙江省农业农村生态与能源总站有关人员长期从事沼液资源

化利用的技术研究和推广工作，通过多年的实地调研和实验检测，研究总结了沼液科学施用知识和应用技术，精心编撰本书。

本书引用大量实例，详细答疑解惑，图文并茂、简洁易懂，是广大种、养殖户的生产使用手册，是"三农"实践工作者的科普手册，也是大专院校师生、科研院所研究人员的参考手册。我们相信，本书必将对沼液利用技术的推广和应用起到很好的指导作用，对农业农村生态能源事业起到积极的促进作用，从而更好地实现农业农村绿色发展，实现碳达峰、碳中和，实现乡村振兴。

由于编者水平有限，书中难免存在不足之处，敬请广大读者批评指正。

编者

2022年3月

目 录

第一章　沼液基础知识　　/ 1

第一节　沼液的概念　　/ 1
第二节　沼液主要成分特征及其影响　　/ 3
第三节　沼液资源化利用现状　　/ 14
第四节　沼液农田利用效果分析　　/ 18
第五节　沼液不合理施用的危害　　/ 23
第六节　当前沼液施用存在的问题及下一步措施与建议　　/ 25

第二章　沼液利用方法　　/ 27

第一节　沼液施用原则　　/ 27
第二节　沼液生态消纳途径与方法　　/ 30
第三节　沼液贮存及输送方式　　/ 38
第四节　主要作物施用方法　　/ 43
第五节　浙江省沼液资源化利用模式　　/ 52

第三章　沼液应用示范　　/ 57

第一节　沼液施用于作物　　/ 57
第二节　沼液科学施用试验与示范　　/ 84
第三节　农牧结合与区域利用　　/ 106

第四章　常见疑问与解答　　/ 124

第一章　沼液基础知识

第一节　沼液的概念

对沼液，目前国内外文献尚没有统一且明确的定义。《中国大百科全书·总索引》《中国大百科全书·农业》《中国大百科全书·环境科学》等都未对沼液的概念进行定义。韩敏等认为，可生物降解的有机废弃物（如人畜粪便、农作物秸秆等），在甲烷细菌等微生物菌群的作用下产生甲烷、二氧化碳等气体后的残留物，其中液体物质称为沼液，含有氮、磷、钾等农作物生长所必需的多种营养物质，可以促进作物生长，被认为是一种优质的肥料。《沼肥施用技术规范》（NY/T 2065—2011）中对沼肥的定义为畜禽粪便等废弃物在厌氧条件下经微生物发酵制取沼气后用作肥料的残留物，主要由沼渣和沼液两部分组成。《沼肥》（NY/T 2596—2014）中对沼肥的定义为以农业有机物经厌氧消化产生的残余物（即沼渣、沼液）为载体，加工成的肥料，主要包括沼渣肥和沼液肥。从以上表述可以看出，现有研究在沼液定义上的差异主要是研究目的和侧重点不同，因而在发酵原料、发酵工艺和发酵残留物利用方式等方面的界定存在差异。

21世纪初，随着浙江省城乡经济的快速发展，面对农业农村生产方式的变革不断推进、农村劳动力的转移不断增速、畜牧业转型升级不断深化、畜禽散养比例逐年下降、养殖场规模化程度不断提高、纯农家庭逐渐减少等现状，浙江省农村能源主管部门在认真调研、深入分析的情况下，深刻意识到必须探索符合浙江省农村沼气发展的新途径、新模式，及时调整思路，由户用沼气向规模化沼气工程、集中供气工程方向发展。经过多年的努力，以农村规模化沼气工程为纽带的现代生态循环农业模式已成为浙江省实现现代生态农业循环、生态农业建设、农业节本增效，推进农业绿色发展的重要手段之一。截至2020年年底,全省现有规模化沼气工程4400多处,总容积超$1.1×10^6 m^3$,其中在运行的规模化沼气工程3500多处,总容积超$8×10^5 m^3$。在运行的规模化沼气工程中,小型沼气工程近3000处,总容积超$3×10^5 m^3$;中型沼气工程360多处,总容积超$2×10^5 m^3$;大型及特大型沼气工程近150处,总容积超$3×10^5 m^3$。从规模角度来看,浙江省在运行的规模化沼气工程以中小型为主,占总量的95.83%。规模化沼气工程主要分布在金华、衢州等地区(图1-1,图1-2)。

图1-1 浙江群大畜牧养殖有限公司沼气工程

图1-2 衢州市顺康牧业有限公司大型沼气工程

沼液作为农村沼气（本书指农村规模化沼气工程与户用沼气池的统称）的发酵产物，由于污染物超标严重，水质难以达到直接排放标准。部分农村沼气尤其是农村规模化沼气工程沼液的无序排放，造成了较大的环境污染。沼液如何安全、高效、合理处置和资源化利用已成为农村规模化沼气工程持续运行的必然要求，也是影响畜禽养殖业可持续发展的限制因素。作者及所在单位为了推动沼液资源化利用，开展了长期的技术研究和推广工作。对于沼液的概念，结合多年的实际追踪、调查与研究，根据浙江省沼液资源化利用现状，参考《沼肥施用技术规范》（NY/T 2065—2011）和《沼肥》（NY/T 2596—2014）中对沼肥的定义，浙江省地方标准《沼液施用与生态消纳技术规范》（DB33/T 2376—2021）将其定义为：畜禽粪污经厌氧消化装置充分发酵后产生的、可农用的液体残余物。

第二节　沼液主要成分特征及其影响

畜禽养殖饲料的多样性、沼气工程发酵原料的复杂性，以及厌氧发酵装置（沼气池）工艺和运行条件的差异，直接决定了沼液成分的复杂性和多样性。本书从沼液利用角度出发，将沼液成分大致分为两类：一类是利于作物生长的主要营养成分，另一类是不利于作物生长及对人体健康有害的成分。

一、沼液的主要营养成分特征及其影响因素

（一）主要营养成分及其作用

沼液是一种复杂的混合物。研究发现，沼液含有大量的营养成分，主要包括丰富的氮、磷、钾等营养元素，还含有多种氨基酸、B族维生素、吲哚乙酸、乳酸菌、芽孢杆菌、赤霉素、糖类、核酸、活性酶等物质，以及农作物生长必需的钙、铜、铁、锌、锰等常量和微量矿物质元素。

沼液也被认为是一种兼具速效性与长效性特质的有机肥料，不仅能提高

作物抗病虫害能力，还能改善土壤理化性状和培肥地力。沼液主要营养成分及其作用见表1-1。本节主要针对成分当中含量较高的总氮、总磷、总钾、有机质等进行深入分析。

表1-1　沼液主要营养成分及其作用

主要成分	主要作用
氮、磷、钾等	植物生长必需的营养成分
氨基酸类，包括丙氨酸、苏氨酸、丝氨酸、缬氨酸、亮氨酸和半胱氨酸等在内的多种氨基酸	促进植物生长，增加作物抵抗病虫害的能力
B族维生素类	促进植物生长发育，增加作物抵抗病虫害的能力
植物激素类，包括生长素、赤霉素等	刺激和促进植物生长发育
有机质	促进土壤团粒结构的形成，改善土壤理化性质，促进植物生长
钙、硫、镁等常量矿物质元素	植物生长必需的矿物质
锌、铜、锰、钠、氯、铬、钒、硼等微量矿物质元素	植物生长必需的矿物质

（二）浙江省沼液主要营养成分含量

2016年，浙江省农业农村生态与能源总站结合全省农村规模化沼气工程分布特点及运维情况，综合考虑养殖种类、养殖规模、养殖工艺、养殖水平、沼气工程工艺、地域分布等因素，在全省11个市53个县选取70个具有代表性的以养猪废水为原料、运行良好的规模化沼气工程作为跟踪检测采样点（表1-2），分别于2016年5月、2016年11月、2017年6月开展沼液组分调查，共检测沼液样品203个，测定了pH、有机质、总氮(N)、铵态氮(NH_4^+-N)、总磷(以P_2O_5计)、总钾(以K_2O计)等6项指标，主要结果见表1-3。

表1-2　各市沼气工程采样点个数分布表

范围	采样点个数/个
杭州市	6
宁波市	6
温州市	6
湖州市	6
嘉兴市	6
绍兴市	8
金华市	8
衢州市	7
台州市	8
舟山市	4
丽水市	5
合　计	70

表1-3　沼液样品养分等指标汇总情况

项目	平均含量	范围	变异系数
有机质	3.3g/kg	0.1～43g/kg	1.73
总氮(N)	1.2g/kg	0.03～5.9g/kg	0.68
总磷(以P_2O_5计)	0.4g/kg	0.01～6.5g/kg	2.07
总钾(以K_2O计)	0.7g/kg	0.08～5.7g/kg	0.79
pH		3.9～8.68	0.07
铵态氮(NH_4^+-N)	0.9g/kg	0.01～3.5g/kg	0.63
总养分($N+P_2O_5+K_2O$)	2.3g/kg	0.3～13.6g/kg	0.78

结果表明，184个（占比91%）沼液样品的pH在6.8～8.5之间，呈中性或弱碱性。有机质平均含量为3.3g/kg，沼液总养分平均含量为2.3g/kg，总氮、总磷和总钾平均含量分别为1.2g/kg、0.4g/kg和0.7g/kg。沼液中

$N : P_2O_5 : K_2O = 1 : 0.33 : 0.58$，其中总氮含量占总养分含量的52.2%，分别是总磷和总钾含量的3.0倍和1.7倍，是沼液总养分的主要组成部分。沼液样品的铵态氮平均含量为0.9g/kg，占总氮平均含量的75%，是沼液中主要的氮素形态。

(三) 沼液主要营养成分影响因素

沼液养分含量受发酵原料、清粪方式、养殖规模、厌氧工艺、季节等影响较大，本节主要从发酵原料、清粪方式、养殖规模等方面讨论其对沼液主要营养成分的影响。

1. 发酵原料对沼液主要营养成分的影响

发酵原料成分差异是导致沼液养分不同的重要原因之一。通常牛场沼液养分含量高于猪场沼液。由表1-4可知，绍兴和衢州地区牛场沼液总氮、总磷和总钾养分含量都高于猪场沼液，绍兴和衢州地区牛场沼液总养分含量分别为4.7g/kg和2.3g/kg，分别是猪场沼液的3.4倍和1.5倍。

表1-4　浙江省不同原料沼液的pH和养分含量

项目	绍兴		衢州	
	牛场沼液	猪场沼液	牛场沼液	猪场沼液
pH	8.40	7.36	7.68	8.33
总氮/(g/kg)	2.2	0.7	0.8	0.7
总磷/(g/kg)	0.9	0.4	0.5	0.4
总钾/(g/kg)	1.6	0.3	1.0	0.4
铵态氮/(g/kg)	1.5	0.7	0.8	0.6
总养分/(g/kg)	4.7	1.4	2.3	1.5
有机质/(g/kg)	25.0	0.76	3.68	0.46

表1-5为王科等在成都市针对不同原料沼液pH和养分含量的调查结果。牛场沼液总氮和总钾养分含量也都高于猪场沼液，牛场沼液总养分含量是猪场沼液的1.23倍。

表1-5 成都市不同原料沼液的pH和养分含量

项目	牛场沼液	猪场沼液
pH	7.71	7.21
总氮/(g/kg)	1.30	0.80
总磷/(g/kg)	0.30	0.54
总钾/(g/kg)	0.46	0.33
总养分/(g/kg)	2.06	1.67
有机碳/(g/kg)	2.50	2.54

2. 清粪方式对沼液主要营养成分的影响

畜禽养殖场主要清粪方式包括干清粪和水泡粪。清粪方式的不同导致进入农村规模化沼气工程的固形物含量存在差异，进而影响沼液养分含量。2016年浙江省沼液组分调查中所选择的70个农村规模化沼气工程采样点中，56个采样点采用干清粪，14个采样点采用水泡粪。从表1-6可以看出，不同清粪方式对沼液pH影响不大，但采用干清粪的养殖场的农村规模化沼气工程，其沼液的有机质、总氮、铵态氮、总磷和总钾平均含量均低于水泡粪。

表1-6 不同清粪方式的沼液主要养分平均含量

单位：g/kg

清粪方式	有机质	总氮	总磷	总钾	铵态氮
干清粪	3.13	1.17	0.308	0.663	0.890
水泡粪	4.20	1.54	0.714	0.720	1.122

3. 养殖规模对沼液主要营养成分的影响

浙江省农业农村生态与能源总站对浙江省内30个不同养殖规模猪场的农村规模化沼气工程所产生的沼液进行取样，测定了沼液样品pH、有机质、总氮(N)、铵态氮(NH_4^+-N)、总磷(以P_2O_5计)、总钾(以K_2O计)等6项指标，主要结果见表1-7。

由表1-7可知，不同养殖规模养殖场的沼液pH差异较小。养殖规模小于等于1000头的养殖场沼液有机质含量明显降低，而养殖规模大于10000头的养殖场沼液有机质含量有增加的趋势。养殖规模小于等于10000头的养殖场沼液总氮、铵态氮、总磷、总钾和总养分含量间差异较小,而养殖规模大于10000头的养殖场沼液养分含量明显增加。考虑到不同清粪方式对沼液养分含量的影响,不同规模养殖场的沼气工程发酵原料的固形物含量和养分含量主要受管理方式的影响,从而造成沼液养分含量的差异。

表1-7 不同养殖规模养殖场沼液的pH和主要养分含量

项目	存栏量≤1000头	1000头<存栏量≤5000头	5000头<存栏量≤10000头	存栏量>10000头
pH	7.81	7.40	7.34	7.55
有机质/(g/kg)	0.75	2.8	2.2	3.2
总氮(N)/(g/kg)	1.3	1.4	1.3	2.0
铵态氮(NH_4^+-N)/(g/kg)	1.2	1.1	1.0	1.6
总磷(以P_2O_5计)/(g/kg)	0.12	0.25	0.23	0.36
总钾(以K_2O计)/(g/kg)	0.72	0.74	0.54	1.0
总养分(总氮+总磷+总钾)/(g/kg)	2.1	2.4	2.0	3.4

二、沼液主要有害成分及其安全性影响分析

(一)主要有害成分

沼液含有微量的重金属、病原菌、寄生虫卵、抗生素等不利于农作物生长及人体健康的有害物质。王科等发现养猪场沼液和养牛场沼液均含有铜、砷、铬、铅、镉、汞等重金属。胡婉蓉等对比了46个猪粪沼液、8个牛粪沼液、9个鸡粪沼液中的重金属含量,也同样发现沼液样品均含有铅、铬、镉、砷、汞等重金属。陈贵等采集了8个规模化生猪养殖场沼液样品,发现沼液样品均含有锌、铜、铅、铬、砷、镉等重金属。不同养殖类型的沼液中重金属含量有一定的差异,一般猪粪中铜、锌、锰、镍的平均含量均较高,其中铜、锌

最为明显，鸡粪中铬的平均含量较高，而牛粪中各重金属含量低于其他粪便。沼液还含有一些对人体健康有害的病原微生物。叶小梅等调查发现，沼气发酵可以显著降低物料中粪大肠菌群数量，平均可减少92.9%，但厌氧消化后的沼液中仍有较多的粪大肠菌群，不能达到无害化要求。

沼液中的重金属主要来自饲料添加剂，铜、锌、砷等重金属元素被广泛应用于饲料添加剂，重金属在动物体内生物效价很低，大部分随畜禽粪便排放。据调查，铜和锌的直接排泄量占添加总量的95%以上。此外，畜禽养殖期间抗生素不合理使用是造成沼液中抗生素残留的主要原因。因此，沼液施用可能会带来土壤重金属超标、抗生素残留、次生盐渍化的风险。

（二）沼液施用安全性影响评价

1．沼液重金属含量安全性影响评价

参照《水溶肥料　汞、砷、镉、铅、铬的限量要求》（NY 1110—2010）、《沼肥》（NY/T 2596—2014）、浙江省地方标准《沼液施用与生态消纳技术规范》（DB33/T 2376—2021）等标准中重金属限量值，对浙江省2016—2017年采集的203个沼液样品中的重金属含量进行评估，结果见表1-8。

表1-8　沼液样品重金属指标汇总

项目	汞	砷	镉	铅	铬
检测样品数/个	181	203	199	199	203
范围/(mg/kg)	0.0001~0.01	0.0001~1.74	0.00007~0.04	0.001~5.1	0.0002~0.31
浓度（平均值±标准偏差）/(mg/kg)	0.0012±0.0017	0.05±0.15	0.0033±0.007	0.09±0.41	0.04±0.06
检出个数/个	148	203	73	162	50
检出率/%	81.77	100	36.68	81.41	24.63
《水溶肥料　汞、砷、镉、铅、铬的限量要求》（NY 1110—2010）限量指标/（mg/kg）	≤5	≤10	≤10	≤50	≤50

续表

项目	汞	砷	镉	铅	铬
《沼肥》(NY/T 2596—2014)主要限量指标/(mg/kg)	≤5	≤10	≤10	≤50	≤50
超标个数/个	0	0	0	0	0
超标率/%	0	0	0	0	0
《沼液施用与生态消纳技术规范》(DB33/T 2376—2021)主要限量指标/(mg/kg)	≤0.4	≤0.1	≤0.2	≤0.4	≤4
超标个数/个	0	17	0	5	0
超标率/%	0	8.37	0	2.51	0

评估结果表明：与《水溶肥料 汞、砷、镉、铅、铬的限量要求》(NY 1110—2010)和《沼肥》(NY/T 2596—2014)对比，所有重金属均无超标现象；与浙江省地方标准《沼液施用与生态消纳技术规范》(DB 33/T 2376—2021)对比，17个样品砷超标，超标率为8.37%，5个样品铅超标，超标率为2.51%，汞、镉、铬均无超标现象。虽然重金属超标现象不多，但是在施用前，还是需要检测样品是否有超标现象。

不同养殖类型的沼液中重金属含量有一定的差异。胡婉蓉等对46个猪粪沼液、8个牛粪沼液、9个鸡粪沼液中铅、铬、汞、砷、镉等重金属检测发现，以猪粪为原料的沼液中，重金属砷的含量最高，与《水溶肥料 汞、砷、镉、铅、铬的限量要求》对比，有9.4%的样品中砷的浓度超标，其他重金属无超标现象。以牛粪和鸡粪为原料的沼液中重金属含量均未超过《水溶肥料 汞、砷、镉、铅、铬的限量要求》限量标准，其中牛粪沼液中重金属铅的浓度最高，而鸡粪沼液中重金属浓度最高的是铬。因此，以猪粪为原料的沼液作为农用沼液进行利用时，一定要先对沼液进行检测，确保重金属不超标，或者超标的沼液通过稀释、处理达标后再使用。以牛粪和鸡粪为原料的沼液农用时，也应针对易超标的重金属元素进行实时监测，避免有超标的沼液施用于农田。

从已有应用和研究结果来看,随着不合理沼液施用时间的累加,土壤中铜、锌的含量呈明显增加的趋势,部分试验中铬、铅和汞的含量也随着沼液施用量的增加而增加,但土壤中砷、镉、铅、汞、铬和镍的含量均未超过《土壤环境质量 农用地土壤污染风险管控标准(试行)》(GB 15618—2018)规定的最高限值。

2. 沼液长期施用对土壤和农作物中重金属累积影响分析

沼液长期施用可能会导致土壤和农作物中重金属累积的风险。近几年研究表明,在合理控制沼液用量的前提下,农作物中重金属并不会出现明显的累积,不会超过国家蔬菜食用标准。邵文奇等研究了不同沼液施用量对水稻产品中重金属含量的影响,结果表明,沼液施用都会不同程度地增加水稻秸秆中汞、铬、铜、砷等重金属的含量,但是水稻产品中重金属含量未见增加。

浙江省农业科学院从2007年开始建立稻田沼液利用长期定位试验,研究不同沼液用量对水稻生长和土壤理化性状的影响。2018年对试验各处理土壤和水稻样品进行重金属(镉、铬、铅、砷、铜、锌)检测分析(表1-9和表1-10),结果发现连续11年施用沼液后稻田土壤中镉、铬、铅、砷没有发生明显的累积,铜和锌含量有一定的提高,但均未超过《土壤环境质量 农用地土壤污染风险管控标准(试行)》(GB 15618—2018)规定的标准。与单施化肥相比,长期施用沼液没有增加稻谷中重金属(镉、铬、铅、砷、铜、锌)的含量,且稻谷中的重金属含量符合相关食品标准,不存在重金属超标风险。但是,长期施用沼液会使水稻秸秆中的铜和锌出现一定的累积。

表1-9 长期施用沼液对稻田土壤重金属含量的影响

单位:mg/kg

处理	镉	铬	铅	砷	铜	锌
单施化肥	0.29	103	37.6	8.0	48.3	126
等氮沼液	0.23	101	36.9	7.3	50.3	139
1.5倍氮沼液	0.27	103	37.5	7.2	53.6	136
2倍氮沼液	0.28	101	37.4	6.8	54.3	164

表1-10　长期施用沼液对稻谷重金属含量的影响

单位：mg/kg

处理	镉	铬	铅	砷	铜	锌
单施化肥	0.05	5.1	0.36	0.19	3.9	29.5
等氮沼液	0.04	3.9	0.26	0.21	4.1	29.4
1.5倍氮沼液	0.03	5.1	0.34	0.17	4.5	33.0
2倍氮沼液	0.02	3.1	0.31	0.17	4.0	27.8

3. 沼液抗生素含量安全性影响评价

养殖场畜禽等动物排出的抗生素仍然具有活性，对环境和人体健康会构成潜在的危害。残留有抗生素的沼液施入农田后，可杀死部分土壤微生物，从而改变土壤生物群落结构组成，破坏土壤的微生态环境和功能。若进入水体，对水生生物也会造成危害。此外，残留在土壤和水体中的抗生素会通过食物链或饮用水进入人体内，从而对人体产生危害，威胁人类健康。有研究显示，规模化养猪场养殖废水经过沼气池处理后仍能检出抗生素，如恩诺沙星、磺胺二甲嘧啶、四环素、土霉素等。卫丹等以嘉兴市10家规模化养猪场为对象，研究发现10种抗生素总浓度最低为10μg/L，最高为1090μg/L，远高于欧盟的水环境抗生物限量值10ng/L。许文志等选取四川省13个县的26家代表性畜禽养殖场，检出抗生素的样品有22份，其中磺胺类、四环素类、喹诺酮类抗生素检出率较高。

浙江省农业农村生态与能源总站于2019年随机抽选了10个以猪场粪污为原料的农村规模化沼气工程，对其沼液中的喹乙醇、土霉素、四环素、金霉素4个抗生素指标进行检测，结果见表1-11。由结果可知，土霉素检测出3个，最低浓度为160μg/kg，最高浓度为202μg/kg，平均浓度为181.3μg/kg；金霉素检测出2个，最低浓度为55.7μg/kg，最高浓度为63.9μg/kg，平均浓度为59.8μg/kg；其他两种抗生素均未检测出。因此，在沼液施用过程中应重视沼液中抗生素的污染影响。尤其是针对抗生素用量高的养殖场，应进行科学指导，科学、合理、规范地使用抗生素，减少废弃物的抗生素残留。

表1-11　沼液样品抗生素指标汇总

项目	喹乙醇	土霉素	四环素	金霉素
检测样品数/个	10	10	10	10
范围/(μg/kg)		160~202		55.7~63.9
浓度(平均值±标准偏差)/(μg/kg)		181.3±21.0		59.8±5.8
检出个数/个	0	3	0	2
检出率/%	0	30	0	20

三、浙江省沼液主要成分特征总结

（1）沼液pH相对稳定。在全省调查过程中发现，沼液pH基本上呈中性或者弱碱性，样品之间差异较小。

（2）沼液主要营养成分差异大。沼液含有一定的养分，可以为农作物生长提供营养物质。但不同采样点的沼液样品、同一采样点的不同批次沼液样品，其养分均存在一定差异，特别是氮、磷、钾等作物所需的营养元素，含量差异可超10倍。这就无法对沼液施用量进行准确的定量，容易造成施用量过多或过少，往往会出现在施用量相同时效果差异较大的情况，甚至出现作物减产、养分流失等现象。

（3）重金属超标现象不多。浙江省沼液组分调查发现，沼液样品中汞、砷、镉、铅、铬等重金属均有不同程度检出，但是与《水溶肥料　汞、砷、镉、铅、铬的限量要求》（NY 1110—2010）和《沼肥》（NY/T 2596—2014）对比，所有重金属均无超标现象，与《沼液施用与生态消纳技术规范》（DB33/T 2376—2021）对比，砷的超标率最高，达8.37%，铅的超标率为2.51%，汞、镉、铬均无超标现象，重金属超标现象不多。

（4）铜、锌的影响要引起重视。猪场沼液施用于农田时，可以改善土壤理化性状，提高土壤肥力，但同时也会使土壤中的铜、锌含量增加，导致潜在的环境风险。

从调查结果来看，一些规模化养殖场的沼液中有一定的抗生素残留，施入土壤或进入水体后，可能会引起新的环境风险，但现阶段相关研究较少，影响程度尚不明晰。

第三节　沼液资源化利用现状

国内外对沼液主要有达标处理和资源化利用两种处置方式。达标处理是指通过物理、化学和生物等方法将有机物、氮、磷等物质去除，待水质达到相应标准后纳管或直接排入环境，主要包括自然处理（如人工湿地、氧化塘）和工业化处理两大类。自然处理占地面积较大，在实际应用中受地理位置和周边环境等因素限制较大；工业化处理对设备和药剂的依赖性大，处理成本偏高，养殖企业或农户的负担和压力较大。沼液资源化利用是指将沼液作为资源，通过沼液肥料化利用、沼液浸种、沼液防治病虫害、沼液添加饲料及沼液营养液等方式对沼液中的有机物、氮、磷等物质进行再利用，具有成本低廉、管理方便、应用效果好的优点，是目前沼液处理的优选方式。本书主要针对沼液资源化利用进行阐述。

一、沼液资源化利用的意义

多年的实践应用证明，沼液可通过土壤吸附和植物吸收，有效消纳沼液中的有机物、氮、磷、钾等物质，作为优质有机肥源广泛地在农业生产中使用，是良好的土壤改良剂，长期施用可以疏松土壤，有利于土壤微生物的活动，促进土壤团粒结构的形成，显著提高土壤肥力，对促进作物的增产增收具有积极作用。沼液资源化利用是以农村规模化沼气工程为纽带的现代生态循环农业模式的重要组成部分，也是目前应用最普遍、最经济有效的沼液处置方式，占沼液处置方式的90%以上，对实现现代生态农业循环、生态农业建设、农业节本增效，推进农业绿色发展具有积极作用。

二、浙江省沼液科学合理施用体系的建立

近年来，浙江省按照现代生态循环农业和畜牧业转型升级的要求，积极探索沼液农用新模式，初步形成了就地消纳、异地配送等多途径利用格局。通过开展沼液组分调查、沼液长期施用对土壤和农产品品质影响的系统性研究，对沼液质量及施用安全进行技术评估，逐步建立沼液科学施用体系，指

导农民科学合理施用沼液，实现全省沼液的高效、安全利用。主要做了以下几个工作：

1. 沼液组分监测常态化

自2016年起，在全省选择30个农村规模化沼气工程点、20个田间沼液施用点，建立沼液组分与施用长期定位监测点（图1-3），持续开展沼液组分常规性调查，累计采集原液、沼液、沼渣样品1000多个（图1-4），检测项数10000多项。开展沼液在不同土壤、不同作物上施用对土壤质量及农产品品质的影响效应试验（图1-5），为全省科学安全施用沼液、制定优惠扶持政策提供了基础数据支撑。

图1-3 沼液施用监测点

图1-4 沼液采样

图1-5 土样采集

2. 沼液施用规范化、标准化

浙江省综合运用沼液组分调查数据、田间试验等内容，制定了省级地方标准《沼液施用与生态消纳技术规范》，编制了由浙江省农业农村厅颁布实施的《沼液综合利用技术导则》以及《单季晚稻沼液施用与生态消纳技术规范》等5种作物的施用技术规范,实现沼液施用技术规范化、标准化。

3. 加大沼液科学施用技术推广力度

总结形成并推广"三沼"综合利用六大主推技术,开展多层次、多形式的技术培训,结合"三农九方"、产业技术团队等平台,联合浙江农林大学、浙江省农业科学院等科研院所,开展沼液综合利用研究,着力打造一批沼液科学施用技术示范点(图1-6),逐步构建浙江省沼液科学施用体系。

图1-6 沼液试验示范点

三、政策支持

党中央、国务院高度重视农业废弃物资源化利用工作,自2004年开始,历年中央一号文件都对发展农村沼气、加强畜禽粪污等农业废弃物资源化利用提出了明确要求。2016年,农业部、国家发展改革委、财政部等六部门联合印发了《关于印发〈关于推进农业废弃物资源化利用试点的方案〉的通知》(农计发〔2016〕90号),明确要围绕解决农村环境脏乱差等突出问题,聚焦畜禽粪污、病死畜禽、农作物秸秆、废旧农膜及废弃农药包装物等五类废弃物,以就地消纳、能量循环、综合利用为主线,采取政府支持、市场运作、社会参与、分步实施的方式,注重县乡村企联动、建管运行结合,着力探索构建农业废弃物资源化利用的有效治理模式。2017年,国务院办公厅印发了《关于加快推进畜禽养殖废弃物资源化利用的意见》(国办发〔2017〕48号),为贯彻此文件精神,农业部制定了《畜禽粪污资源化利用行动方案(2017—2020年)》,明确要求深入开展畜禽粪污资源化利用行动,加快推进畜牧业绿色发展。2021年,国家发展改革委、科技部、工业和信息化部、财政部、自然资源部、生态环境部等十部门联合印发了《关于推进污水资源化利用的指导意见》(发改环资〔2021〕13号)，要求积极探索符合农村实际、低成本的农村生活污水治理技术和模式，推广种养结合、以用促治方式，采用经济适用的肥料化、能源化处理工艺技术促进畜禽粪污资源化利用，鼓励渔业养殖尾水循环利用。

为落实中央、省有关沼液相关惠农富农强农政策，推进沼液享受有机肥补贴进程，促进农牧对接，提高沼液资源化利用水平，浙江出台了一系列扶持政策措施，如《浙江省沼气开发利用促进办法》《浙江省农业废弃物处理与利用促进办法》《浙江省人民政府办公厅关于加快转变农业发展方式的若干意见》《浙江省农业厅关于加快推进沼液资源化利用的指导意见》等文件，同时将此项工作列入浙江省畜禽养殖污染防治"十四五"规划、浙江省生态环境保护"十四五"规划，浙江省农业农村厅依托省"三农九方"科技协作项目、省农业产业技术创新与推广服务团队技术项目等课题和项目，加强技术研究与推广，结合多年研究、试点与示范推广经验，编制并发布了《沼液综合利用技术导则》以及《单季晚稻沼液施用与生态消纳技术规范》等5种作物的施用技术规范，在此基础上，形成浙江省地方标准《沼液施用与生态消纳技术规范》(DB33/T 2376—2021)，强化沼液科学规范化施用与管理，不断推进沼液资源化利用水平的提高，推动相关产业转型升级。

为积极推动沼液资源化利用的推广，浙江各地也出台了沼液资源化利用相关政策，宁波、温州、金华等市及淳安、富阳、象山等近20个县(市、区)出台了沼液利用相关政策，主要补助在沼液贮存环节的贮肥池等设施建设补贴、沼液运输环节的运输补贴、沼液利用环节的施用补助等方面。如《金华市人民政府关于印发加快市区乡村产业高质量发展助推乡村振兴若干政策的通知》明确，发展生态循环农业方面计划安排200万元/年，主要补助在种养结合畜禽养殖废弃物资源化利用、清洁能源高效利用、农村沼气安全生产等农业农村生态与能源建设、农田氮磷生态拦截沟渠建设、秸秆综合利用等建设类项目；温州市在《关于调整畜禽粪污资源化利用补助标准和相关规定的通知》中明确沼液利用补助方法，对当年开展沼液异地配送或就地利用的养殖镇，按各镇当年家畜平均免疫踏栏登记数量5元/头予以补助，另对建有沼液异地配送组织并正常开展社会化服务的镇补助5万元/年，以上两项合计补助最高20万元/年。

第四节 沼液农田利用效果分析

一、沼液施用具有改善土壤的作用

沼液施用可以改善土壤物理性状。长期不合理施用化肥势必会导致土壤酸化、土壤板结等问题,而沼液pH多为中性或弱碱性,沼液施用可以有效缓解土壤酸化问题,并对盐碱地具有一定的改良作用。沼液施用还可以改善土壤团粒结构,降低土壤容重,提高土壤孔隙度。土壤孔隙度的提高可以改善土壤透气性,保证土壤中空气与大气进行交换,使土壤的保水保肥能力得到进一步提升(图1-7)。

沼液施用可以提高土壤肥力。沼液含有丰富的营养元素,还有一些有机质和活性物质,是一种优质的有机肥料。沼液施用可以提高土壤肥力,其中速效养分的增加更为明显。沼液对土壤肥力的提升随沼液施用量的增加而增

图1-7 开化县黄石村村民在施用沼液

加，沼液施用增加了土壤中氮、磷、钾含量，增幅顺序为：速效磷＞全磷＞全氮＞全钾＞速效氮。研究表明，在新开垦的红壤上施用沼液（图1-8），可以提高红壤总有机碳、全氮、活性有机碳、速效氮、有效磷、全钾及中微量营养元素的含量。沼液施用可以提高土壤中有机质的含量，而有机质对阳离子具有较强的吸附力，从而提高了土壤缓冲性及保肥力。

沼液施用可以优化土壤微生物群落。土壤微生物在土壤有机质分解、腐殖质形成和土壤养分循环方面发挥着重要的作用，可以在一定程度上反映土壤肥力水平。沼液施用可以改良土壤理化性质，提高土壤有机质，为微生物提供有利环境，对微生物生长和增殖产生积极的影响。余海兵等的研究表明，农田土壤中的细菌、真菌、放线菌的数量都在施用沼液以后得到显著的提升。沼液施用可以促进微生物增殖，刺激微生物分泌各类酶，进而提高土壤酶活性。

图1-8　衢江区富里村万亩新垦造耕地改良

二、沼液施用具有提高作物产量和改善品质的作用

沼液不仅含有作物生长所需的氮、磷、钾等常量元素，还含有锰、锌、铜、硼、钼等微量元素，可以为作物的生长发育提供养分，从而提高作物产量。研究表明，在水稻、玉米等粮食作物上亩施沼液1500～2500kg（1亩≈666.7m^2），可使水稻、玉米增产9%～26%，每100kg沼液增产水稻1.4kg、玉米2.0kg，效果十分显著（图1-9，图1-10）。在果树叶片生长期喷施沼液，可增强叶片光合作用，有利于花芽形成和分化；在果树花期喷施沼液，可保证养分供应，提高坐果率；在果实生长期喷施沼液，可促进果实膨大，提高产量，并且果树抗寒、抗病能力也明显提高。沼液在红富士苹果上的施用效果表明，施用沼液后苹果坐果率提高14%，单果重增加58%，总产量提高14%。

图1-9　施用沼液的水稻长势　　　　图1-10　开化县大郡村玉米沼液施用对比试验

沼液养分全面且含有丰富的腐殖酸和矿物质，对提高农作物品质起到促进作用。研究表明，施用沼液可以提高稻米中蛋白质含量和铁、锰、钙、镁等对人体有益的矿物质元素含量。与常规施肥相比，施用沼液可以提高番茄中维生素C与可溶性总糖的含量。对黄瓜果实的营养成分分析显示，施用沼液的黄瓜中维生素C含量提高，而可溶性固形物、有机酸等与常规施用化肥相比有所下降。施用沼液的奈李中维生素C含量提高12mg/kg，蛋白质含量高于化肥处理。施用沼液对柑橘、桃子、枇杷等水果的品质也有良好的改善作

用，果实含糖量提高6%～10%，总酸下降5%，维生素C含量提高10%左右（图1-11）。对于黄瓜、苦瓜等蔬菜作物，施用沼液不仅提高了蔬菜总产量，增加了单果重，还使果实外形更加美观，更受消费者的青睐，提高农户的经济效益（图1-12至图1-14）。

图1-11 沼液施用于枇杷

图1-12 沼液施用于蔬菜基地

图1-13 沼液施用于莴苣

图1-14 沼液施用于番茄

三、沼液施用具有减施化肥的作用

沼液含有氮、磷、钾等常量元素和锰、锌、铜等微量元素,兼具速效性和缓效性,沼液中水溶态的养分能被作物直接利用,有机态的养分施入土壤后可以通过微生物作用缓慢分解,从而起到补充土壤养分、为作物提供养分的作用。沼液施用可以减少化肥用量,降低农业投入成本,还能有效缓解长期施用化肥带来的土壤板结问题,对改良土壤结构有积极的作用。农业生产中沼液施用通常采用"以氮定量"的方式,即通过作物化肥氮的施用量和沼液替代比例确定适宜的化肥氮替代量,同时根据沼液中氮的含量,来计算沼液的施用量。由于沼液中氮、磷、钾的比例和作物适宜比例不完全一致,采用沼液替代化肥氮时,还需要根据沼液中磷和钾的含量来配施部分化肥磷和化肥钾,因此,沼液施用对化肥氮的替代量高于化肥磷和化肥钾。研究显示,沼液和氮肥以一定比例配施有利于青贮玉米干物质的积累,提高产量。曹卢波等对茄子种植中沼液替代化肥进行研究,认为沼液替代化肥相较于单施化肥,显著提高了茄子单果重和单果长度,从而提高了茄子产量,说明沼液中所含的养分可以满足茄子的生长需要。施用70%沼液+30%化肥的西瓜长势、产量、品质都优于单施化肥,说明沼液不仅具有减施化肥的效果,还可以提高作物产量及品质,增加农民经济收入。

四、沼液施用具有防治作物病虫害的作用

经过厌氧发酵的沼液含有多种活性物质,尤其是有机酸中的丁酸和植物激素中的赤霉素、吲哚乙酸以及维生素B_{12}对病菌有一定的抑制作用,沼液施用可以使作物抗病虫害能力增强,进而减少农药施用,减少农药残留。

研究发现,沼液对近30种农作物病虫害具有防治作用,如蚜虫、红蜘蛛、白粉虱、小麦赤霉病等。但是沼液中所含的抑菌、杀虫物质浓度偏低,其有效杀灭成分会因储存不当或暴露于空气中而在较短的时间内(1~2d)丧失活性,见效迟缓,单施沼液无法应对突发性病虫害,建议沼液与其他农药配合使用。实验表明,部分沼液配制农药(如易宝和多菌灵)针对某些病原真菌(如青霉菌、茄枯病菌等),其抑制效果好于水配农药;沼液生物农药增强了对病虫害防治的效果;沼液生物农药对水稻卷叶螟和纹枯病具有一定的防治作用。

第五节　沼液不合理施用的危害

一、沼液不合理施用造成水体污染

沼液作为农村沼气的发酵产物，由于污染物超标严重，水质难以达到直接排放标准，因此，沼液随意排放或者不正确、不合理、过量施用均可能对水体环境产生污染（图1-15，图1-16）。铵态氮是沼液中主要的氮素形态，铵态氮带正电荷，容易被土壤胶体吸附，不容易随水迁移损失。但是当土壤吸附的铵态氮达到饱和时，过量的铵态氮也会随雨水和灌溉水发生淋溶与径流损失，进入水体后易引起藻类和微生物的大量繁殖，导致水体富营养化。此外，沼液中的铵态氮在土壤中经硝化作用转化为硝态氮，由于硝态氮带负电荷，难以被同样带负电荷的土壤胶体吸附，容易随雨水和灌溉水迁移，造成淋溶和地表径流损失，对地下水造成污染。

图1-15　沼液随意排放

图1-16　沼液污染环境

二、沼液不合理施用对土壤的影响

土壤对养分的消纳能力是有限的，因此，当沼液的施用量超过农田土壤的消纳能力，就会造成土壤环境恶化与土壤质量下降。沼液连续过量施用将会造成土壤中磷、硝酸盐大量积累，从而影响土壤养分平衡，造成土壤质量下降。调查发现，浙江省规模化养殖场沼液的盐分含量在1.76～3.05g/kg之间。沼液适量施用可以改善土壤结构，提高土壤团聚体稳定性，但长期不科学施用可能会提高土壤盐渍化风险，破坏土壤团粒结构，堵塞土壤孔隙，阻碍土壤养分的运移，加剧土壤地表径流和土壤侵蚀。此外，沼液中残留的抗生素和重金属进入土壤后会直接杀死某些微生物或者抑制其生长，影响土壤中微生物群落组成，影响土壤营养物质循环，最终导致土壤肥力下降。

前面章节已表明沼液中重金属含量较低，短期内施用沼液的土壤中重金属含量不会超过国家标准，但长期超量施用沼液可能会存在土壤重金属累积的风险。在江苏滩涂改良稻田上连续施用5年沼液后发现，土壤中铜和锌的含量明显高于施用化肥处理。在太湖流域，边博等发现，长期施用沼液的蔬菜和菜地土壤中镍、锌、镉、铅的含量均超过了评价标准的上限。刘向林等发现，在连续施用8年鸡粪沼液后，土壤中砷、铬、汞、镉、铅的含量显著高于未施用沼液的土壤。

三、沼液不合理施用对农作物的影响

长期大量不合理施用沼液会引起土壤硝酸盐的过量积累，导致叶菜类蔬菜中硝酸盐含量超标，引起蔬菜品质下降。在水稻、小麦生产上，过量施用沼液会引起水稻、小麦贪青倒伏，造成产量下降。此外，水稻、小麦会对氮、铜、锌等元素进行过量吸收并积累于籽粒中，引起水稻、小麦籽粒品质下降。汤逸帆等在江苏滨海稻麦轮作田块进行沼液试验研究发现，施用沼液3年和5年后，水稻和小麦籽粒中铜和锌虽未超标，但均出现积累趋势。边博等对太湖地区施用沼液的蔬菜进行测量，发现沼液施用会引起蔬菜中铅的积累，且超出了蔬菜限量标准。

一般来说，经过充分厌氧发酵后，发酵原料中的病菌、虫卵、杂草种子等都会被杀死。但是如遇突发状况导致沼气工程发酵不完全，其产生的液体可能残存较多的病菌、虫卵和杂草种子，不再符合沼液的条件，这些液体如果直接用于农业生产，可能会导致农作物病虫害和杂草数量增加，对农作物生长产生不良影响，导致作物减产、农产品品质下降。

第六节　当前沼液施用存在的问题及下一步措施与建议

当前浙江省沼液资源化利用虽已取得了一定成就，但因沼液自身存在施用不便捷、运输成本高、盲目施用等问题带来负面影响而让农户谈"沼"色变，大多数农户一般只要求能够将沼液"用"掉，不直接排到水体，不与当地农户产生纠纷即可，往往忽略了沼液施用的安全性和科学性，进而在沼液消纳过程中存在沼液质量把控不够、沼液施用不合理、沼液施用量比较随意等问题。沼液的盲目、不合理施用不仅不能提高农作物产量和农产品品质，反而会破坏土壤，造成作物减产、水体富营养化等问题。此外，沼液在运输、贮存、施用过程中由于各种设施的不完善，易造成沼液泄漏，直接排放进入环境，引起二次污染。面对沼液的推广工作现状，我们提出了以下措施与建议。

一、加强规划引导

在全面调查分析浙江省农村沼气发展现状、沼气沼液综合利用现状、农业农村有机废弃物资源量的基础上，结合本省现代生态循环农业建设、生态环境保护、可再生能源利用等工作，按照"政府支持、企业主导、市场引领、因地制宜"的原则，科学编制本省农村沼气中长期发展规划，提出农村沼气发展目标任务、重点发展区域、沼气沼液综合利用方向和保障措施等内容，同时引导农村沼气发展重点区域编制发展规划，科学引导、有序推进农村沼气发展和沼气沼液综合利用工作。

二、加强基础技术研究

（1）加强基础资料整理。加大对沼液组分调查、沼液施用对土壤理化性状的影响、土壤改良、农产品增量提质等基础研究成果的梳理和总结，为后续出台相关标准提供数据和依据。

（2）加快沼液资源化利用技术研究。综合考虑土壤类型、肥力水平等因素，确定不同作物和品种的沼液施用时间、施用量、频次等技术要点以及与化肥、有机肥的合理配比，做到按配方施肥、按需施肥、按季节施肥，并注重集成组装节工省本的水肥一体化、喷滴灌等新技术，逐步形成并不断完善当地沼液科学施用主推技术。

（3）加强沼液增值产品开发。加大沼液膜浓缩、高附加值新型沼液营养液等技术与产品的开发与研究，拓宽沼液利用途径，解决沼液直接肥用存在的沼液养分含量不稳定、施肥技术不易掌握等问题，从根源上解决沼液富余和过量施用所造成的环境污染问题。

（4）积极引进先进技术。主动了解国内外沼液利用情况，引进国内外先进的沼液综合利用技术及设备，提高沼液资源化利用机械化、智能化水平。

三、加强政策扶持力度

农村沼气及"三沼"综合利用现有扶持政策涉及面窄、不全面、不系统、不连贯，不利于整个行业的长效运行和发展，应在整合现有政策基础上，完善农村可再生能源利用和"三沼"综合利用补贴政策，建立农村沼气运行维护补贴制度，并将其纳入政府财政支持体系，确保扶持政策的持续性和稳定性，提高主体及农户对沼气工程和"三沼"综合利用的积极性。扶持发展沼液社会化服务组织，依托数字化平台，提升沼液运维及科学施用服务能力。

四、加大沼液科学施用示范推广力度

加大浙江省地方标准《沼液施用与生态消纳技术规范》（DB 33/T 2376—2021）、主要农作物施用技术规范等一系列标准与技术规范的宣传力度，结合测土配方施肥、果菜茶有机肥替代化肥、化肥定额制等农业重大技术推广项目，积极推广沼液科学施用技术。制作易学、易懂、易会的沼液科学施用技术模式图，着力打造一批规范化、标准化、可复制、可推广的沼液科学施用技术示范点，开展多层次、多形式的现场技术培训，取得成果展示、现场观摩、示范引领、辐射带动等综合效用。充分利用电视、广播、报纸、微信、短信等媒体途径，结合春耕备耕、安全生产月等活动，宣传沼液科学施用知识。

第二章 沼液利用方法

第一节 沼液施用原则

一、可施用沼液需符合的要求

（一）外观要求

沼液外观颜色应为棕褐色或褐黑色，内含一定量悬浮物（图2-1），静置条件下易分层，气味无恶臭。可按目测法进行测定。

图2-1 沼液外观

（二）酸碱度（pH）要求

沼液的pH应在6.8～8.5之间，pH不在此范围内的沼液都视为不合格沼液。pH判断按NY/T 1973规定的方法进行测定。一般应采用pH计进行精准测定，也可以用pH试纸粗略判断。

（三）沼液养分要求

沼液总养分［即总氮、总磷（P_2O_5）和总钾（K_2O）的总和］含量大于1.5 g/kg。

（四）产生沼液的厌氧消化装置要求

1．厌氧消化装置处理工艺要求

产生沼液的厌氧消化装置应符合HJ 497、NY/T 1222等有关技术要求。

2．停留时间要求

常温（20℃）条件下，畜禽粪污在中型以上厌氧消化装置（总容积300 m³以上且日产气量在150 m³以上）内发酵时间（水力停留时间）应在8 d以上。畜禽粪污在小型厌氧消化装置（总容积20～600 m³且日产气量在5～150 m³）内发酵时间（水力停留时间）应在20 d以上。

3．污染物处理效果

化学需氧量（COD）去除率应在70%以上。

（五）沼液主要限值指标要求

沼液主要限值指标砷、汞、铅、镉、铬、粪大肠菌群数、蛔虫卵死亡率等应符合浙江省地方标准《沼液施用与生态消纳技术规范》（DB 33/T 2376—2021）中的规定，见表2-1。

表2-1　沼液主要限值指标

项目	限值	检测方法
总砷（以As计）/（mg/kg）	≤0.1	按NY/T 1978规定进行
总汞（以Hg计）/（mg/kg）	≤0.4	按NY/T 1978规定进行

续表

项目	限值	检测方法
总铅（以Pb计）/（mg/kg）	≤0.4	按NY/T 1978规定进行
总镉（以Cd计）/（mg/kg）	≤0.2	按NY/T 1978规定进行
总铬（以Cr计）/（mg/kg）	≤4	按NY/T 1978规定进行
每克或每毫升沼液中的粪大肠菌群数/个	≤100	按GB/T 19524.1规定进行
蛔虫卵死亡率/%	≥95	按GB/T 19524.2规定进行

二、沼液施用注意事项

（1）一定要从已经正常产气20d以上的农村沼气池中提取沼液，在调试阶段或者不正常产气的农村沼气池产生的沼液不应施用。

（2）沼液出厌氧池后，不要立即施用，一般应在贮肥池中存放2d以上再施用；如立即施用，可能会影响种子发芽和根系发育，导致作物叶片发黄、凋萎。

（3）沼液宜优先用于基肥，宜采取沟灌、冲施等方式进行均匀施用，施用后尽快进行翻耕。旱地作物施用沼液时不宜撒施或漫灌。水田以不外溢、旱地以不产生地表径流为限，避免沼液污染水体。

（4）沼液不宜与草木灰、石灰等碱性肥料混合施用。

（5）对地下水位较低或排水不畅的种植园区，根据种植农作物的要求，开排水沟以利于雨水冲盐防渍。

（6）沼液大规模施用前，应根据土壤类型、肥力水平、作物品种、种植制度、自然环境、天气条件等因素，经肥效试验后再施用，避免盲目过量施用后，出现作物徒长、减产等现象。

（7）长期施用沼液时，应监测土壤盐分变化，对可能出现的盐分累积和盐渍化问题提出治理措施和方案。

（8）沼液严禁用于养猪等，但可用于养鱼。

第二节　沼液生态消纳途径与方法

沼液总体呈有机物浓度高，氮、磷、钾等营养物质含量丰富的特点。根据沼液成分特点，沼液能够进行多途径资源化利用，主要包括沼液浸种、沼液肥用、沼液防治病虫害、沼液作无土栽培营养液和沼液作饲料等。

一、沼液浸种

沼液中存在具有催芽和刺激生长功效的生物活性物质，在浸种过程中刺激种子生长，提高种子发芽率，使幼苗更加健壮，根系发育和新陈代谢活动增强。研究发现，沼液浸种使作物在生长过程中抗虫、抗病、抗逆能力显著增强，对种子的多种有害病菌都具有抑制作用。沼液浸种可以为农作物产量提高打下良好基础，能使玉米增产5%～10%，小麦增产5%～7%，棉花增产9%～20%，水稻增产5%～20%。

（一）浸种流程

（1）应选用新种，对种子进行筛选，清除杂物、秕粒；浸种前应将种子翻晒1～2d。

（2）浸种前将沼液中的浮渣和杂物清除干净。

（3）选择透气性好的网纱袋作为浸种袋，袋内装不超过3/4空间的种子。

（4）用绳子一端系住浸种袋，另一端固定，将浸种袋浸没于沼液中。浸种时间随农作物品种、温度差别灵活掌握，以种子吸足水分为宜，也可参照常规的浸种方式进行。

（5）浸好的种子应用清水淘净，然后进行播种或催芽。

（二）主要作物浸种方法

1．水稻浸种

（1）常规稻种采取一次性浸种，在沼液中浸泡时间为：早稻48h，中稻36h，晚稻36h，粳稻、糯稻可延长6h。抗逆性较差的常规水稻品种应将沼液用清水稀释1倍后进行浸种，浸种时间为36～48h。

（2）杂交水稻采取间歇式浸种，三浸三晾，在沼液中浸泡时间为：杂交早稻42h，每次浸14h，晾6h；杂交中稻36h，每次浸12h，晾6h；杂交晚稻24h，每次浸8h，晾6h。

（3）水稻浸种完成后，清水洗净，破胸催芽。

2．小麦浸种

小麦沼液浸种适宜土壤墒情较好时应用，一般浸种12h左右，清水洗净，晾干，次日即可播种。若抗旱播种（土壤墒情差），则不应采用沼液浸种。

3．玉米浸种

沼液浸种4～6h，清水洗净，晾干后即可播种。

4．棉花浸种

包衣种子不必采用沼液浸种，非包衣种子浸种36～48h。浸好后取出种袋，沥去水分，用草木灰拌和并反复轻搓，使其成为黄豆粒状即可用于播种。

（三）浸种注意事项

（1）用于浸种的沼液，一定要取自正常产气且使用30d以上的农村沼气池，长期未用的农村沼气池中的沼液不能使用。

（2）流入未经发酵的人粪尿、畜禽粪污及其他废弃物或者有毒污水（如农药、消毒液等）的沼液不能使用，应使用充分发酵、无恶臭气味、颜色为深褐色且明亮、pH为中性或微碱性的沼液，出料间表面起白色膜状的沼液也不宜使用。

（3）浸种时间随作物品种、温度差别灵活掌握，时间不宜过长，以种子吸足水分为好。

（4）浸好的种子应用清水淘净，然后按常规播种或催芽。沼液浸种会改变某些种壳颜色，但不影响发芽。

二、沼液肥用

沼液肥用是指将沼液作为有机肥源施用于田间，部分或全部替代传统化肥、其他有机肥的一种方式，主要用作基肥和追肥。沼液肥用是目前沼液资源化利用的主要方式，也是有效消纳畜禽养殖场沼液的重要途径，实现变废为宝，促进种养结合（图2-2至图2-4）。

图2-2　人工浇灌沼液

图2-3　沼液喷灌桃树

图2-4 沼液施用于草莓

（一）沼液作基肥

沼液宜作基肥一次性施用，均匀施用后立即翻耕，有利于沼液和土壤充分混合，避免氨挥发和径流损失风险，提高土壤肥力。一般施肥方式可采用冲施、沟灌等（图2-5，图2-6），不建议旱地作物采用漫灌方式施用。

图2-5 沼液冲施

图2-6 沼液沟灌

(二)沼液作追肥

沼液营养元素多为速效成分,极易被农作物吸收,作为追肥施用时能起到很好的作用。在作物生长期间都能进行沼液追肥,但沼液中氮含量高于磷和钾含量,应根据沼液养分含量,确定作物不同生长时期的沼液用量,避免氮素投入过量影响作物产量。沼液追肥可采用叶面喷施、喷滴灌或沟灌等方式(图2-7,图2-8)。

图2-7 葡萄基地沼液滴灌

图2-8 柑橘苗木基地沼液滴灌

1. 沼液叶面喷施

沼液作为叶面肥喷施,不但可以为农作物和果树提供营养物质、调节和促进作物生长代谢,还可以减少病虫害的发生。特别是当农作物及果树进入花期、孕穗期、灌浆期和果实膨大期等生殖生长期,喷施效果更明显。

叶面喷施应根据作物所处的环境、生长状况与健康状况等情况,选择适宜的沼液浓度,如纯沼液、稀释沼液或者配合农药、化肥喷施。如作物和果树长势较好,应采用纯沼液对叶面进行喷施,不仅杀虫效果好,还能提供丰富的营养成分。如作物和果树处于亚健康状态,病虫害很严重,可以在纯沼液中加入一定量的农药,加强对作物虫害处理。还可以根据作物生长状况,适当添加一些营养物质,比如在沼液中加入0.05%~0.1%的尿素,也可以加入0.2%~0.5%的磷、钾肥喷施,促进作物发育和结实。

沼液叶面喷施注意事项包括:

(1)沼液喷施前应澄清、过滤、去除悬浮颗粒物等。

(2)沼液按照农作物营养的需要进行喷施,既可单施,也可与化肥、农药、生长调节剂等混合施用。

（3）追施沼液不宜在雨天进行，夏季宜在气温较低的早晚进行，宜从叶片背面喷洒。

（4）气温高或者农作物处于生长前期时，沼液浓度宜低，沼液与水按1∶2以上比例兑施；气温低或者农作物处于生长中后期时，沼液可少加清水或者直接喷施。

（5）叶菜类采摘10d前、果树采摘4周前停止施用沼液，并用清水喷洒去除残留的沼液。

2．喷滴灌追肥

沼液在设施栽培或具备喷滴灌设备的作物栽培中，可作为液体肥料，利用喷滴灌设备进行追肥（图2-9，图2-10）。

图2-9　衢州市衢江区务良家庭农场沼液输送管道

图2-10　沼液喷滴灌施用

沼液喷滴灌注意事项包括：

（1）沼液施用前应采用过滤方法去除悬浮物和沉淀物（图2-11）。

（2）喷灌系统宜选用中、远程喷头，滴灌系统宜选用具有自冲洗功能的灌水器。

（3）田间安装沼液滴灌管时，管上的滴孔应朝下，与地面呈45°夹角。

（4）喷滴灌过程中可与水溶性肥料同施。

图2-11　沼液过滤设备

（5）施肥结束后用清水对系统进行冲洗，防止管道中剩余的肥料沉淀。喷滴灌系统发生肥料等堵塞，必要时可进行酸液清洗，能同时达到消毒和抑制、消灭水中藻类及微生物的效果。

3．沟灌追肥

沼液在蔬菜或果树生长期间作为追肥施用时，可采取沟灌追肥的方式。

沟灌追肥注意事项包括：

（1）沼液施用前应进行开沟处理，蔬菜类农作物在根两侧20～30cm处开沟，果树类农作物在树冠滴水线附近开沟。灌溉沟宽度为15～30cm，深度为10～20cm；果树类农作物可根据实际情况加大开沟深度。

（2）沟灌过程中可与水溶性肥料同施。

（3）施用沼液完全渗透后回土覆盖。

三、沼液防治病虫害

沼液含有有机酸中的丁酸和植物激素中的赤霉素、吲哚乙酸以及维生素B_{12}，对病菌有明显的抑制作用。沼液中的氨和铵盐以及某些抗生素对作物虫害有直接的抑制作用。利用沼液可防治不同的病害，且生产出的农产品无农药残留，生产过程中不会污染周边环境，目前沼液已被广泛应用于经济作物、蔬菜、水稻等作物病虫害防治。

（一）防治农作物病害施用方法

1．喷施

（1）叶面喷施时沼液与水应按1∶3稀释。

（2）喷施时间以上午10时前或下午3时后为宜，每次每亩喷施量35kg。

（3）每7～10d喷施1次，连续喷施3次。

2．沟施或灌根

（1）沼液与水应按1∶3稀释。

（2）粮油类作物可顺沟亩施沼液300～350kg。

（3）茄果类、瓜果类蔬菜可按沼液稀释液每株500g进行灌根，间隔7～10d，连续灌根3次。

(二)防治农作物虫害施用方法

(1)沼液防治蚜虫。在蚜虫发生期,选用沼液14kg,加入洗衣粉溶液(洗衣粉:清水为0.1:1)0.5kg,配制成沼液治虫剂。选择晴天的上午喷施,每次每亩喷施量35kg,每天喷施1次,连续喷施2d。

(2)沼液防治玉米螟幼虫。在螟虫孵化盛期,选用沼液50kg,加入2.5%敌杀死乳油10mL,配制成沼液治虫剂。选择晴天的上午喷施,每次每亩喷施量35kg,每天喷施1次,连续喷施2d。

(3)沼液防治红蜘蛛。施用前沼液用纱布过滤,放置2h后用喷雾器喷施。选择气温低于25℃的天气,在露水干后全天喷施,重点喷叶片的背面。每次每亩喷施量35kg,每天喷施1次,连续喷施2d。对于上年结果多、树势弱的果树,在沼液中加入0.1%的尿素;对幼龄树和结果少、长势弱的树,在沼液中加入0.2%~0.5%的磷钾肥,以利于花芽的形成。

(三)注意事项

沼液应取自正常发酵产气20d以上的沼气池,pH为6.8~7.6,用前应过滤,曝气2h后备用。

四、沼液作无土栽培营养液

以沼液为主原料配制无土栽培营养液,既可充分利用沼液中的养分生产优质蔬菜,又可减少无土栽培中农药的施用量,具有效果好、成本低、易操作的优点。经沉淀过滤后的沼液,按各类蔬菜的营养需求,与水以1:8~1:4比例稀释后用作无土栽培营养液;根据蔬菜品种的不同或对微量元素的需要,可适当添加微量元素,并调节pH至5.5~6.0;在蔬菜栽培过程中,要定期添加或更换沼液。

五、沼液作饲料

沼液含有丰富的蛋氨酸和赖氨酸,以及一定量的糖类、蛋白质和脂质,还含有多种微量元素等,这些营养物质具有活性高、吸收快的特点,可作为畜禽养殖的饲料和淡水养殖的饵料。利用沼液养鱼可以提高鱼塘浮游植物、浮游动物等浮游生物量，从而提高养鱼产量。目前，因动物疫病防控、水环境治理和农产品质量安全监管等工作要求，沼液作为饲料的利用方式在逐渐减少。

第三节　沼液贮存及输送方式

沼液贮存、输送是沼液资源化利用的重要环节，一般是以贮肥池、管道、沼液运输车等单一选择或多种相结合的方式实现沼液的贮存及输送。

一、贮肥池

贮肥池是指可以贮存沼液的池子，一般应满足沉淀、防渗漏等要求，可根据需要在养殖场内、田间地头等地方灵活设置。

1. 贮肥池的形式

贮肥池所采用的形式可根据建设规模、场地条件等情况，因地制宜地采用钢筋混凝土现浇结构、不锈钢板材预制结构、玻璃钢池体成品、塑料成品等，也可利用废弃或闲置的池塘进行改造（图2-12至图2-14）。

图2-12　钢筋混凝土现浇结构

图2-13 不锈钢板材预制结构

图2-14 塑料成品

2. 贮肥池的建设要点

（1）贮肥池宜建在便于沼液输送和利用的位置。异地消纳利用的贮肥池应建在交通运输便利的位置，且应靠近消纳利用基地，便于沼液运输车辆排放沼液。

（2）贮肥池所建位置的地基应平整坚实，防止沼液输入后引起不均匀沉降而造成池体倾斜、开裂渗漏。

（3）贮肥池顶部加盖且应便于开启。贮肥池加盖一是为了防止人畜掉入贮肥池造成安全事故；二是为了防止雨水冲进贮肥池导致沼液漫出，污染周边环境。

（4）就近消纳利用的贮肥池总容积一般应不少于全年用肥淡季期间所产沼液总量的体积，用肥淡季期可平均按60d考虑。

（5）贮肥池出水口宜设置拦截网，防止杂物堵塞沼液输送管道。沼液用于喷滴灌时，贮肥池内部应设置过滤系统。

（6）贮肥池的池顶应有透气孔或设置通气管，便于贮肥池内的气体排放。

（7）贮肥池宜建于地面，且进料口的标高应低于异地配送的槽罐车排料口标高。贮肥池底部应设置排渣管，便于沉渣排出和池内清洗。

（8）地上式贮肥池的外壁最好安装液位计，便于观察池内的沼液量，以便及时补充沼液。同时应设置安全爬梯，方便维护和检修。

3. 贮肥池的安全管理（图2-15，图2-16）

（1）田间地头的贮肥池必须实行专人管理，且定期进行检查维护。

（2）经常检查贮肥池的盖板、通气管和排渣设施是否正常。定期检查贮肥池有无渗漏，一旦发现渗漏应立即安排维修，以免污染周边环境。

（3）贮肥池周边严禁明火，严禁小孩及闲杂人员在贮肥池附近玩耍。

（4）沼液由异地运送过来后，输送完毕应立即盖好盖板，以免发生意外。

（5）贮肥池内安装有过滤网的，应在每次沼液用完后立即清洗过滤网。

（6）贮肥池内若安装有提升泵，应定期检查提升泵工作是否正常，同时应注意用电安全。

（7）定期检查贮肥池的出料拦截网和输送管道是否堵塞，并定期进行清理。

图2-15　田间地头贮肥池沼液取用

图2-16　沼液取用口

二、沼液输送管道材质及要求

1. 管道材质选择

沼液输送管道一般要满足抗压、耐腐蚀、耐老化、使用时间长等要求。常选用PE管,管径可按输送距离长短、不同主管、不同支管、沼液浓度高低、有无泵等灵活选用,一般应选用PE50以上,远距离输送沼液还可采用变径输送(图2-17)。

图2-17 沼液输送管道

2. 输送管道的安全管理

(1)定期检查输送管道是否有渗漏、破损、堵塞、结晶等问题,一旦发现有渗漏、破损,应立即安排维修,以免污染周边环境。

(2)在通过道路等地方时,要做好防护措施,以免因车辆长期碾压而导致管道破损。

(3)在通过农田、居民区等地方时,要有安全警示标志,以免农户在劳作时挖断管道,使沼液外溢污染周边环境。

三、沼液异地配送

1. 运输车辆的选择

沼液异地配送(图2-18)一般利用沼液运输车辆实现,可根据运输半径、沼液需求量、道路状况等要求,因地制宜地选择适合的沼液运输车(图2-19),如道路状况较好或运输量较大时,一般可选用5~10t容量的槽罐车;如在乡间小路行驶或沼液用量不大时,可选用3t容量的槽罐车,也可用三轮车等其他运输车辆改装而成。

图2-18 永嘉县鲤溪农业综合开发有限公司沼液抽取异地配送

图2-19 沼液运输车

2．沼液异地配送技术要点

（1）配送的沼液应从正常发酵的农村沼气池出水后端的沉淀池中部抽取，不能直接从沼气池抽取沼液。户用沼气池出水后端若没有建设沉淀池，在从沼气池出料口或水压间抽取沼液时，应提醒沼气用户暂停使用沼气，以免回火引起池体爆炸。

（2）贮存沼液的罐体每次在抽取沼液之前应将罐体内部清洗干净，配送到位放空沼液后需立即冲洗罐体内部，以免残留沼液腐蚀罐体。

（3）沼液的抽取应分次慢抽，不宜过快，以免造成负压，损坏池体。

（4）沼液提供方应定期检测沼液的有机质、营养素及重金属等含量，如遇沼气发酵异常，应暂停提供沼液，并及时查找原因、检修沼气池，待沼气池恢复正常发酵后再继续提供沼液。

3．安全管理

（1）沼液异地运输过程中应避免过溢、渗漏，以免影响道路交通。

（2）沼液车抽排沼液时禁止停靠在沼气工程上，应距离沼气工程3m外通过管网抽取。

（3）沼液车尽量避免在公路旁、村庄等地方排放，以免影响周边农户生活。

（4）沼液车必须是全封闭式罐体类型，严禁使用敞开式罐体类型。

（5）享有财政补贴的沼液车应安装GPS车载定位系统，便于核实和统计运输轨迹。

（6）发车前和使用抽洒设施前要检查油位和观察窗标位是否正常。

（7）严禁在沼气池周围2～3m处吸烟或使用明火。槽罐车在抽取沼液和排放沼液时禁止吸烟及一切明火作业。

（8）罐内溶液不可过满，严禁超出观察窗指示的最高安全位置。

（9）抽液时必须随时观察后视孔所示液面位置，当达到规定高度时应迅速打开减压阀，将胶管拔离液面，同时将齿合器推到空挡位置，使真空泵停止旋转，以免罐内液体倒流向外排出。如果罐内液体溢出进入真空泵等各部件，应将所有管路、水气分离器、油气分离器、真空泵等部件全部清洗干净，真空泵油必须全部更换，方可继续作业。

第四节　主要作物施用方法

一、水稻沼液施用方法

水稻是浙江省主要粮食作物，播种面积和总产量分别占全年粮食作物播种面积和总产量的70.8%和82.5%。2020年，全省早稻种植面积约151.8万亩，晚稻种植面积约802.2万亩，其中单季晚稻种植面积667.8万亩。浙江省水稻区域分布为南籼北粳，粳（糯）稻约占56%，籼稻约占44%。不同水稻品种和种植区域间施肥量差异较大，应根据水稻目标产量和土壤地力来确定（图2-20），并参考浙江省水稻化肥定额制施用标准（表2-2）。不同种植模式的水稻肥料施用有一定的差异，早稻通常施基肥和分蘖肥，连作晚稻和单季晚稻除了施基肥和分蘖肥外，还需要在水稻孕穗期施穗肥1～2次。沼液在水稻生产中通常用作基肥或分蘖肥，不建议在孕穗期后施用。水稻的沼液施用量按照"等养分替代"的原则，通常用氮含量进行测算，一般沼液氮施用量不超过水稻需氮量的60%。

图2-20　沼液施用于稻田

表2-2　水稻化肥定额制施用标准

作物	近几年每亩平均施肥量/kg		农业农村部推荐每亩施肥量（化肥总量）/kg	每亩最高限量值/kg	
	化肥总量	氮肥		化肥总量	氮肥
早稻	25	15	21～27	22	13
晚稻	28	16	21～27	23	14
单季稻	35	22	23～32	26	17
超级稻	40	25		30	20

浙江省单季晚稻沼液施用方法如下：

1. 沼液作基肥施用

沼液作基肥施用时，应均匀灌入稻田并及时翻耕。沼液施用量占全生育期沼液总用量的60%，每亩一次性施用5～8t。同时每亩一次性施用过磷酸钙（12% P_2O_5）40～55kg。

2. 沼液作追肥施用

沼液在返青后分蘖前期施用,每亩一次性施用2～4t,与灌溉水1:1稀释后均匀施用,可不施化肥,孕穗期追施氯化钾5～6.5kg。

3. 沼液施用注意事项

(1)沼液施用以不出现贪青、徒长、倒伏,且不产生二次污染为限。

(2)施用前应测定沼液中氮含量,沼液中沼渣含量高时减少使用量,结合灌水施用,槽罐车运输时应多点施用,插秧前翻耕耙平,避免沼液施用不均匀引起水稻倒伏。

二、柑橘沼液施用方法

柑橘产业是浙江省农业主导产业之一。浙江省柑橘栽培历史悠久,至今大约已有2400年历史,世界上第一部公认的比较完整的柑橘专著《橘录》亦诞生于浙江。浙江省柑橘品种资源丰富,主要品种有温州蜜柑、椪柑,还有胡柚、红美人、甜橘柚等杂柑,玉环柚、四季柚、早香柚等柚子,以及本地早、瓯柑、脐橙等。从品种分布上看,宽皮柑橘主要分布在台州、衢州,橙类主要分布在丽水,柚类主要分布在台州、温州,杂柑主要分布在衢州、宁波、台州(表2-3)。

表2-3 浙江省柑橘主栽品种

产区	主要种植品种
台州市	黄岩蜜柑、宁海蜜柑
衢州市	椪柑、温州蜜柑、杂柑
宁波市	红美人
丽水市	椪柑、瓯柑、温州蜜柑
金华市	温州蜜柑、方岩红柑
杭州市	温州蜜柑、椪柑
温州市	温州蜜柑、瓯柑

柑橘施肥根据树龄有一定的差异。柑橘幼树萌芽之前,施用以氮肥为主的肥料,出芽后可选择施加均衡的氮磷钾肥,以促进新芽生长。结果期柑

橘一年要施4～5次肥,分别在春梢前、秋梢前、采果前后、果实快速膨大期和花芽分化期。施肥通常采用条沟法、环状沟施法,在施肥后要保持土壤湿润。柑橘种植过程中沼液应与有机肥和化肥配合施用。沼液施用次数可根据生产实际适当增减,通常每亩施用沼液带入的氮素不超过柑橘需氮量的60%(图2-21)。

图2-21 沼液施用于柑橘

1. 沼液施用时期与用量

依据浙江省柑橘化肥定额制施用标准参考指标(每亩氮肥20kg)和柑橘不同生长期所需营养施用沼液,一般每亩沼液带入的氮素不超过12kg。

(1)芽前肥。在2—3月,萌芽前10～15d采用沟灌施用沼液,每亩施用量2～4t,根据土壤墒情分2～3次施用,每次渗透后均回土覆盖。同时每亩配施1次硫酸钾3～5kg。

（2）保果壮果肥。在5月上旬至8月下旬施用沼液，以沟灌为主，辅助叶面喷施。沟灌每亩施用量4～8t，根据土壤墒情分2～3次施用，每次渗透后均回土覆盖。同时每亩配施1次硫酸钾8～16kg。沼液叶面喷施时与水1∶1稀释，每隔5～7d喷施1次。

（3）采果肥。在柑橘采摘3～5d后施用沼液，每亩沟灌施用2～4t，根据土壤墒情分2～3次施用，每次渗透后均回土覆盖。同时每亩配施1次硫酸钾3～5kg。

2．沼液施用方法

（1）沟灌。在树冠滴水线附近开宽15～30cm、深20～30cm的环状沟，施用的沼液经渗透后回土覆盖。

（2）叶面喷施。沼液主要喷施于叶背，与清水1∶1稀释。沼液也可与药肥一体化喷施。

3．沼液施用注意事项

（1）根据柑橘生长期调整用量，生根长叶期多施，开花结果期控制用量。

（2）叶面喷施时可兑磷酸二氢钾溶液，平衡营养。

三、茶树沼液施用方法

浙江省茶树种植具有悠久的历史。据现有史料考查，茶最早传入浙江可追溯到汉朝，迄今已超过2000年。2018年全省茶园总面积300.5万亩，总产量186000t，总产值206.9亿元，面积、产量、产值均达到历史最高水平。

茶树施肥根据树龄、树势、产量、茶园土壤肥力不同有一定的差异。施肥应掌握重施基肥、适施追肥、分期追肥、多肥配合、深浅适宜的施肥原则。为了满足茶树生长周期的养分需求，秋冬施基肥以有机肥、磷钾肥为主，配合部分复合肥。春天茶树生长后，在各轮新梢生长前，及时分批施用追肥，一般全年3次，以速效性氮肥为主，配合磷钾肥和根外追肥，促进茶芽萌发。茶树是比较适合施用沼液的作物，可以促进新梢生长，提高茶叶品质。依据浙江省茶树化肥定额制施用标准参考指标（每亩氮肥25kg）和茶树不同生长期所需营养施用沼液，沼液施用量按茶树最高需氮量的60%控制。浙江省茶园中喷滴灌施肥设备较普遍，沼液施用时可结合喷滴灌进行根外追肥（图2-22，图2-23）。

图2-22 沼液施用于茶树　　　　图2-23 茶园沼液滴灌

1. 沼液施用时期和施用方法

(1) 春茶前催芽期。催芽肥于1—2月底施用,水肥一体化灌溉和叶面喷施相结合。

每次每亩沼液灌施1.5～2t,5～10d施用1次,以2～3次为宜。每次每亩沼液叶面喷施0.05～0.1t,沼液与水按1∶1稀释,3～5d喷施1次,以1～2次为宜。

(2) 夏茶前期。应于春茶结束后的5月中上旬施用,水肥一体化灌溉和叶面喷施相结合。

每次每亩沼液灌施1.5～2t,5～10d施用1次,以2～3次为宜。每次每亩沼液叶面喷施0.05～0.1t,沼液与水按1∶1稀释,5～10d喷施1次,以1～2次为宜。

(3) 秋茶前期。夏茶结束后,6月下旬至8月中旬施用沼液,水肥一体化灌溉和叶面喷施相结合。

每次每亩沼液灌施1.5～2t,5～10d施用1次,以3～4次为宜。每次每亩沼液叶面喷施0.05～0.1t,沼液与水按1∶1稀释,5～10d喷施1次,以3～4次为宜。

(4) 秋冬季。在10—11月施用,水肥一体化灌溉。

每次每亩沼液灌施2～4t,5～10d施用1次,以3～4次为宜。结合沼液施用可每亩加施钾肥(以K_2O计)3～5kg。

2. 沼液施用注意事项

(1) 对长期施用沼液的土壤pH进行跟踪监测。

（2）茶叶采摘前10d至茶叶采摘期，不得施用沼液。

（3）沼液施用过程中，应持续观察茶树叶片色泽、长势与干茶品质变化等情况。

（4）沼液滴灌后必须用清水冲洗滴灌管网，以防堵塞。

四、大棚芦笋沼液施用方法

芦笋，为百合科天门冬属多年生草本植物，以嫩茎供食用，味道鲜美，营养丰富。浙江省芦笋种植始于20世纪70年代，是国内最早发展芦笋规模生产的省份。近年来浙江省芦笋产业蓬勃发展，全省种植面积突破4.5万亩，特别是设施栽培，已成为一些地方农民增收的重要来源和新的农村经济增长点。

芦笋施肥分育苗期施肥、定植后施肥和采笋期施肥。育苗期和定植后施肥以速效性肥料为主，少量多次，促进根系生长。当芦笋进入投产采笋期后，根据芦笋生长特性，一般在清园后、留母茎期、采笋期定期施肥。其中，清园后施肥以有机肥为主，配施部分复合肥，加快根盘养分积累。留母茎期一般施复合肥，促进母茎生长。采笋期施肥以速效肥为主，同时采用水肥一体化技术配施液体肥料，平衡芦笋的养分吸收。采笋期施肥可以保持所留母茎生长旺盛，增强光合作用，合成有机养分供鳞芽及嫩茎生长，同时也起到补充土壤养分，促进根系生长的作用。沼液在芦笋不同生育期均可施用，大量施用前应进行肥效试验（图2-24）。

图2-24　沼液施用于芦笋

1．沼液施用方法

（1）入冬前清园施用。每年的11月底至12月上旬在芦笋清园后，配合有机肥、复合肥施用沼液。芦笋清园后，在芦笋根盘两侧20～30cm处开沟，沟宽20～30cm，深10～20cm。将腐熟有机肥按每亩1～1.5t或者商品有机肥按每亩0.5～0.7t施于沟中,再每亩浇灌沼液3～4t,施用后及时覆土。

(2)春母茎留养期施用。春母茎留养期采用滴灌方式施用沼液。根据土壤墒情(表层土含水率低于25%时)每隔10～15d施用1次,以1～2次为宜,每次每亩施用沼液2～3t,沼液与水1∶2稀释。

(3)夏笋采收期施用。夏笋采收期视土壤墒情每隔10～15d滴灌追施沼液1次,每次每亩施用沼液1～1.5t,沼液与水1∶2稀释。

(4)采收后夏季清园施用。每年8月上中旬夏笋采收结束后进行芦笋二次清园,配合复合肥施用沼液。在芦笋根盘两侧20～30cm处开沟,沟宽15～20cm,深15～20cm,每亩施用复合肥(15-15-15)30kg,沼液3～4t,施用后及时覆土。

(5)秋母茎留养期施用。秋母茎留养期采用滴灌方式施用沼液。根据土壤墒情每隔10～15d施用1次,以1～2次为宜,每次每亩施用沼液2～3t,沼液与水1∶2稀释。

(6)秋笋采收期施用。秋笋采收期视土壤墒情每隔10～15d滴灌追施沼液1次,每次每亩施用沼液1～1.5t,沼液与水1∶2稀释。

2．沼液施用注意事项

(1)沼液施用应采用开沟沟灌和滴灌方式,严禁大面积漫灌。

(2)长期施用沼液时应监测土壤含盐量。

(3)沼液滴灌后必须用清水冲洗滴灌管网,以防堵塞。

五、青饲玉米沼液施用方法

随着畜牧产业化的快速发展,饲料饲草需求量日益增加。玉米不再是简单的粮食作物,更多地被视作饲料作物种植。青饲青贮玉米不但生物学产量高,而且含有丰富的营养成分。技术分析表明,青饲青贮玉米的秸秆营养丰富,糖分、胡萝卜素、维生素B_1和维生素B_2含量高,是较为理想的食草动物饲料。在青饲玉米上施用沼液时,带入的氮素一般不超过青饲玉米生育期需氮量的70%。每亩青饲玉米需氮量为20kg,即每亩沼液带入的氮素不超过14kg(图2-25)。

图2-25 沼液施用于玉米

1. 沼液施用时期和施用方法

（1）休闲期。在土地翻耕前，沼液可采用田间漫灌、畦内灌溉或种植沟沟灌，沼液用量以不超过玉米需氮量和不产生外溢为限。沼液灌溉后应及时翻耕整理。

（2）苗期。苗期沼液施用视土壤墒情而定，每次每亩5～8t，沼液与水1∶1稀释。灌溉沟底端10cm土层含水率低于25%时，可再次灌溉。

沼液可采用喷灌和滴灌，滴灌管放置在两行玉米的中间，以在傍晚或清晨滴灌为宜，施用后应及时用清水冲洗以防堵塞。

（3）孕穗期。孕穗期每次每亩施用沼液5～8t，沼液与水1∶1稀释。沼液施用次数根据土壤墒情确定。

沼液可采用喷灌和滴灌，滴灌管放置在两行玉米的中间，以在傍晚或清晨滴灌为宜，施用后应及时用清水冲洗以防堵塞。

大喇叭口期应每亩追施氯化钾5～10kg，重过磷酸钙10kg。

（4）花粒期。花粒期应控制沼液施用，灌溉沟底端10cm土层含水率低于25%时，每次每亩沟施3～5t。

2. 沼液施用注意事项

（1）玉米种植中沼液严禁漫灌，防止玉米缺氧现象发生。

(2)沼液施用可能会导致玉米出现贪青晚熟,生产周期可能延长。

第五节　浙江省沼液资源化利用模式

一、就地利用模式

(1)模式:沼液—输送管网/小型运输车辆/人工—田间贮肥池—种植基地。

(2)介绍:该模式通过铺设沼液输送管网、建造沼液贮肥池等,将沼液输送到养殖场附近的农作物种植基地,用于蔬菜、牧草、果树、苗木等种植(图2-26,图2-27)。就地利用模式是浙江省大部分养殖场采取的沼液利用方式,也是本省大力推广的农牧结合利用模式。

图2-26　湖州市百架顶牧场茶山沼液利用

图2-27　衢州市康乐畜牧业有限公司贮肥池和净化设备

（3）优点：方便快捷，运行成本低，沼液使用率高。

（4）缺点：一次性投资大，需要足够的沼液贮肥池、田间贮肥池和周边配套农田。

（5）一般要求：沼液贮肥池池容一般不得少于全年用肥淡季期间所产沼液总量的体积，用肥淡季期可平均按60d考虑。

二、异地利用模式

（1）模式：沼液—交通工具转运—种植基地。

（2）介绍：该模式需利用沼液运输车、沼液泵或沼液输送管网、沼液田间贮肥池等，将沼液运送到距离养殖场较远的农作物种植基地，用于蔬菜、牧草、果树、苗木等种植。

（3）优点：实现沼液远距离输送，解决就地利用存在的沼液季节性、区域性过剩问题。

（4）缺点：沼液运输成本较高，沼液运输配送目前缺乏成熟的物流管理模式。

（5）一般要求：沼液运输距离宜控制在20km之内。沼液贮肥池池容一般不得少于全年用肥淡季期间所产沼液总量的体积，用肥淡季期可平均按60d考虑。

（6）做法与典型案例：

①中介服务型。通过中介组织运输转移，按种植业主需求，将沼液配送到田间地头的田间贮肥池供种植业主使用。

其优点为灵活、主动,可输送距离远,适应性广。中介服务是沼液产业化发展的主要方向,也是利用多余沼液的主要途径。其缺点为由于沼液配送成本高、营利能力弱,中介服务组织需要依靠政府扶持,才能维持运行。

②政府介入型。政府介入型是由政府直接参与建设及运行管理的沼液应用配送服务体系。其主要工作有完善与规范污染治理设施、建造田间贮肥池、划定沼液源、配备后续服务设施。养殖场与农产品基地对接,合理配置沼肥储存、运送、施用等基础设施,扩大其利用面,使其"上山下田",既可减少排泄物污染,又能实现养殖废弃物资源化、无害化利用。

其优点为力度大,可调用的资源多,有利于扩大沼液的使用面。其缺点为组织工作量大,不容易考核,政府或责任部门负担较重,不利于市场化与可持续利用。

③互助利用型。养殖业主和种植业主或经济合作组织之间的相互合作,通常以协议方式确定双方的权利和义务,互惠互利是双方的出发点和落脚点,沼液可由养殖业主主动输送或种植业主自行组织转移。

其优点为可从沼肥的使用需求出发,确保沼液完全利用,是一种具有发展前景的沼液利用模式。其缺点为种植业主和种植品种的变更容易引起沼液使用比例的变动和不确定性。一般要求以管道、运输车辆输送为主要输送方式,应用范围一般在2km之内,同时需签订超出种养配套面积的协议,以确保沼液的完全利用。

三、增值利用模式

(1)模式:沼液—技术创新—施用。

(2)介绍:通过技术创新,提高沼液有效消纳量或沼液浓度,降低储存、运输和施用成本,提升沼液价值,有效解决沼液异地利用费用高和季节性用肥问题(图2-28)。

(3)优点:可降低沼液储存、运输和施用成本,有效解决沼液异

图2-28 衢州市宁莲畜牧业有限公司沼液浓缩生产线

地利用费用高和季节性用肥问题。

（4）缺点：还处于试点开发阶段，性价比有待于进一步提升。沼液浓缩还存在反冲洗水量大、需再处理的问题。

（5）一般要求：沼液膜浓度倍数控制在10倍以内较可行。利用植物吸收方式处理沼液时，应加大种植面积，面积一般应比试验面积扩大1倍。

（6）做法与典型案例：利用沼液膜浓缩技术，开展沼液深度开发试验和浓缩利用；利用沼液种植巨菌草，巨菌草收割后加工成青贮饲料；嘉兴、绍兴地区开展狐尾藻消纳沼液试验，污水达标排放而狐尾藻可作饲料加以利用。

四、就地处理模式

（1）模式：沼液—后续环保工艺处理—达标排放。

（2）介绍：该模式通过建造人工湿地、好氧曝气设施、氧化塘、超微膜等对沼液进行后续处理，使其达标排放。

（3）优点：沼液可达标排放。

（4）缺点：一次性投入及运行维护费用较高，管理要求高。若选建人工湿地的，需预留一定面积的土地；若选曝气、超微膜处理的，其设备需常年运行且易损坏，运行费用较高。

（5）一般要求：适用于对排放水质要求较高，自然消纳污水的土地面积较少，而场内又有一定土地面积可增建人工湿地或曝气池的养殖场。

五、终端处理模式

（1）模式：沼液—纳管处理—达标排放。

（2）介绍：该模式通过输送管网或运输车将符合城镇污水管网纳管条件的沼液，送入城镇污水处理厂进行无害化处理，使处理后的沼液达标排放（图2-29，图2-30）。

（3）优点：可确保沼液得到处理，不留二次污染隐患。

（4）缺点：一次性投入较大，需当地市政建设条件配套。离城镇污水处理厂较远的养殖场的沼液纳管较困难。

（5）一般要求：适用于离城镇污水处理厂较近、对排放水质要求较高、场周边可消纳污水的土地面积较少的养殖场。

图2-29 工业化处理设施

图2-30 曝气池

第三章　沼液应用示范

第一节　沼液施用于作物

一、萧山区沼液施用于蔬菜

（一）推荐单位

萧山区农业农村生态能源机构。

（二）基地概况

杭州萧山舒兰农业有限公司位于萧山农业对外综合开发区（浙江省现代农业园区核心区块），是一家以绿色蔬菜生产、保鲜、加工、配送产业化为特征的杭州市农业龙头企业，占地2150亩。公司于2012年建成以农村规模化沼气工程

图3-1　农村规模化沼气工程全貌

为纽带的农业废弃物资源化利用工程1座（图3-1），实现"产气、积肥"同步，"种植、养殖"并举，"经济、生态"双赢，达到农业经济高效化、农业生产无害化和资源再生增值化。

(三)应用示范

1. 沼液利用基本概况

公司现有农村规模化沼气工程1处,包括一体化结构厌氧罐420m³(其中罐体300m³、双膜式贮气柜120m³)、沼液池200m³、太阳能发酵房150m²(图3-2)及秸秆粉碎机、沼气发电机等设备。为实现沼液、水、肥料智能化、一体化灌溉,公司新建以色列耐特菲姆喷滴

图3-2 厌氧堆沤

灌泵站1座,新铺设喷滴灌网180亩,改造原喷滴灌网300余亩。为应对沼液堵塞管网问题,公司新增加过滤系统及反冲洗设备。年利用沼液4100t,主要施用于蔬菜,施用面积约790亩。

2. 沼液施用方法

沼液含有氮、磷、钾等营养元素,以及氨基酸、维生素、赤霉素、生长素、糖类、核酸等物质,还含有锰、锌、铜、硼、钼等微量元素。

(1)沼液作基肥。沼液既是一种优质的基肥,也是良好的土壤改良剂。沼液施用可改善土壤团粒结构,提高土壤孔隙度,调节土壤中水、肥、气、热条件;同时,沼液养分全面,缓急相济,可以起到调节植株内激素平衡的作用。施用方式:地块翻耕前用喷滴灌喷洒沼液,浇透土壤后用旋耕机深耕。

(2)沼液作追肥。沼液施用可调节作物生长代谢,补充营养,促进生长平衡,增强光合作用能力。施用方式:施肥前先打开喷滴灌喷洒清水5min,然后开启水肥一体化系统加入沼液进行喷洒,沼液施用完成后再喷洒清水5~10min,防止沼液沾在蔬菜叶片上从而影响蔬菜商品性。

沼液在青菜、毛毛菜等叶菜上每次每亩施用120L,沼液和水的比例为1:3,在叶菜播种后7d内每天喷洒沼液2h,在叶菜采收前10d喷洒清水以去除残留的沼液。沼液在番茄、茄子等蔬菜作物上每次每亩施用180L,苗期沼液和水的比例为1:3,早晚采用喷灌喷洒沼液各1次,持续时间2h,成长期

和采收期沼液和水的比例为1∶4，每天傍晚采用滴灌浇灌2h（图3-3）。

图3-3　沼液施用于蔬菜

3. 效益分析

（1）经济效益。

节省蔬菜生产成本：青菜土壤栽培，每亩采用基肥用沼液1.5t，追肥用50%沼液浇灌4次，每次每亩用纯沼液60L，每亩可节省进口复合肥30kg，节省化肥成本156元。

提高蔬菜产量：以复合肥作基肥，50%沼液进行追肥4次种植青菜，小区产量比对照增产6.1kg，折每亩661kg，按青菜每千克3.0元计算，单茬青菜每亩增收1983元。

（2）生态效益与社会效益。

沼液是一种优质的有机液体肥料，富含氮、磷、钾等营养元素，同时还含有厌氧发酵的生化产物，具有补充营养、抑菌、刺激、抗逆等作用。沼液中的赤霉素可以刺激种子提早发芽和农作物茎、叶快速生长；其含有的生长素能促进种子发芽，提高发芽率，并能有效防止果树落花、落果；其含有的某些核酸、单糖可提高农作物的抗旱能力，游离氨基酸、不饱和脂肪酸可使农作物在低温时免受冻害。长期施用沼液不但可以提升农产品的口感及品质，还能缓解土壤板结、酸化等土壤障碍，改善土壤性状。

通过对蔬菜残体统一收集和无害化处理，改变了以往随意丢弃、任其腐烂、晒干焚烧等不良处理方法，减少了对生态环境的污染，减轻了蔬菜病虫害的危害，从而降低了化学农药的使用量。蔬菜植株残体经农村规模化沼气工程处理后作为肥料利用，大幅度降低了商品肥料的用量，提高了蔬菜的质量安全水平，为杭州市农业绿色可持续发展提供有力的技术保障。

二、诸暨市沼液施用于香榧、樱桃、茭白

（一）推荐单位

诸暨市农业技术推广中心。

（二）基地概况

浙江金泉畈生态农牧有限公司成立于2006年，是一家年存栏生猪6470头、母猪978头的现代化规模养殖场，地处诸暨市赵家镇泉畈村朱培山山湾。公司建有厌氧总池容为950m^3的农村规模化沼气工程1处，配套贮肥池340m^3（图3-4）、储气柜120m^3，日处理污水135t，配备80kW纯沼气发电机、有机肥加工设备（图3-5）、沼液运输车等设备共21台（套）。年利用沼液49000t，主要施用于香榧、樱桃、茭白、茶园，消纳面积3100亩。

图3-4 贮肥池

图3-5 猪粪有机肥加工

（三）应用示范

1. 沼液利用基本概况

猪场粪便污水经厌氧发酵、净化处理后，产生的沼液通过管道、槽罐车、喷滴灌设施等方式输送到中药材、苗木、牧草、水果等种植基地（图3-6，图3-7），剩余的沼液流入60亩稳定塘，在稳定塘中种养藕和各种鱼类，使水质进一步净化，实现污水零排放。

图3-6 沼液喷滴灌设施

图3-7 沼液滴灌设施

沼液主要用于以下三个方面：

（1）养殖场周边的350亩山地，配套槽罐车1辆，铺设沼液输送管道3800m，建立田间贮肥池300m³，主要施用于山坡上的100亩中药材、110亩苗木和60亩香榧苗以及平地上的20亩牧草、地势较低处的60亩种植田藕和池塘养鱼的洼田。公司计划再铺设1800m输送管道，将沼液施用于附近的100亩杨梅林。

（2）与村民签订协议，铺设沼液输送管道2000m，建设田间贮肥池300m³，安装喷滴灌设施，将沼液施用于山脚的200亩蓝莓与苗木基地。

（3）与赵家镇政府合作，在樱桃基地建设沼液贮肥池200m³，通过槽罐车把沼液输送到2500亩樱桃基地，进行喷施。

2．沼液施用方法

沼液pH和主要营养成分指标为：pH 7.58、有机质1.0g/kg、总氮1.4g/kg、铵态氮1.2g/kg、总磷0.3g/kg、总钾0.63g/kg。

沼液在香榧、樱桃、茭白等主要作物上的施用方法如下：

（1）香榧：使用水泵和喷管施用沼液，除挂果期外的10个月，每月施用1次，每次每亩3000kg，每亩年施用沼液30t。

（2）樱桃：每半月施用1次，每次每株20～40kg，每亩年施用沼液15t。

（3）茭白：茭白属于需肥作物，每年可浇灌沼液6次，每次每亩4～5t，每亩年施用沼液25～30t。

3．效益分析

通过沼液综合利用，不但消纳了污染源，极大地改善了猪场周边的生态环境，还能取得良好的经济效益。沼液通过养殖场周边种植基地消纳利用，按每亩节省化肥及农药费用120元计算，则每年可减少农业生产成本支出37.8万元。施用沼液的香榧树每年多长3cm，实现早产早丰，产量提高10%。施用沼液的茭白采收期可提前一周，产量提高10%以上。苗木经过沼液浇灌，目前已增值20万元以上。牧草地轮种黑麦草、大力士、墨西哥玉米等青饲料，每年为企业提供青饲料150t，既可节省精饲料用量，又能提高母猪产仔量，年增效益25万元。此外，施用沼液的樱桃不但产量高，而且果大形美，甜度比普通樱桃高，赵家镇还打造了全省闻名的诸暨赵家镇樱桃节，具有显著的社会效益。

三、开化县沼液施用于茶树

（一）推荐单位

开化县新农村建设中心。

(二)当地情况

开化县位于浙江省衢州市西北部,处于中国绿茶金三角核心产区,是"中国龙顶名茶之乡"、浙江省茶叶十强县,全县茶园超过12万亩。开化县自2009年以来,致力于推进沼液资源化利用,其中沼液施用于茶叶3500亩。

(三)基地概况

开化海顺家庭农场,位于衢州市开化县池淮镇芹源村,现有100亩连片绿茶种植基地施用沼液(图3-8)。

图3-8 开化海顺家庭农场茶园概貌

(四)应用示范

1. 沼液利用基本概况

开化海顺家庭农场所施用沼液来自紧邻的开化艾佳牧业有限公司,该公司现有生猪存栏7000多头,于2014年建成规模为1000m^3的大型农村沼气工程1处(图3-9),内建400m^3沼液贮肥池1个。开化海顺家庭农场于2015年开始先后铺设沼液输送管网4650m,从规模化沼气工程处引入沼液到茶园基地,在100亩连片茶园基地铺设126000m滴灌网带,对茶叶进行精准滴灌施肥(图3-9)。

图3-9 开化艾佳牧业有限公司沼气工程

2. 沼液施用方法

茶园种植茶叶品种为春雨1号,每年集中施用沼液4次,每亩茶园可施用沼液约10t,年利用沼液超1000t。沼液施用时根据化肥施氮量和沼液含氮量确定沼液用量,当沼液施入的磷、钾量少于推荐量时,施用磷肥和钾肥补齐肥料用量。茶树种植中施用菜籽饼和部分化肥作底肥,菜籽饼每亩施用200kg,化肥每亩施用15-5-26复合肥30kg(N 4.5kg,P_2O_5 1.5kg,K_2O 7.8kg)。具体施用方法如下:

(1)春前催芽期:1—2月底施用,每次沼液灌施22.5~30t/hm²,施用2~3次;每次叶面喷施0.75~1.5t/hm²,沼液与水按1∶1稀释后,喷施1~2次。

(2)夏茶前期:5月中上旬施用,每次沼液灌施22.5~30t/hm²,施用2~3次;每次叶面喷施0.75~1.5t/hm²,沼液与水按1∶1稀释后,喷施1~2次。

(3)秋茶前期:6月下旬至8月中旬施用,每次沼液灌施22.5~30t/hm²,施用3~4次;每次叶面喷施0.75~1.5t/hm²,沼液与水按1∶1稀释后,喷施

3～4次。

（4）秋冬季：10—11月施用，每次沼液灌施30～60t/hm^2，施用3～4次，同时需配施钾肥（以K_2O计）45～75kg/hm^2。

茶叶采摘前10d至茶叶采摘期结束，不得施用沼液。

3．效益分析

（1）经济效益。

长期稳定施用沼液，有利于提高茶叶品质，茶叶中所含粗纤维、植物蛋白（氨基酸）、茶多酚、总灰分等指标，较施用普通复合化肥的茶叶均有一定程度的提升，从而增强茶叶的市场竞争力。主体生产成本投入降低，以茶园（春雨1号）为例，每亩每年使用复合化肥50kg，投入200元，菜籽饼150kg，投入390元，人工成本计每亩50元，合计每亩每年投入640元；在改施用沼液后，主要投入为滴灌设施设备一次性投入1000元/亩（按平均使用寿命5年计，平均每年200元），以及少量电费、人工费及设施维护费每亩40元，合计每亩每年投入约为240元，相较施用传统复合化肥每亩可节省约400元，100亩的茶园每年可节约投入达4万元，有效降低了生产成本，实现节本增效目标，经济效益显著。

（2）社会效益。

一方面，实现农牧深度融合，促进种植业和畜牧业健康发展，改善种植业产品质量，增加产量，满足消费者对无公害农产品的需求，提高农业主体发展水平。另一方面，推进农业生产方式和发展思维的转变，实现农业循环、绿色、高效、低耗生产，推动茶叶等特色产业高质量可持续发展，对其他农业产业发展起到示范带动作用（图3-10）。

图3-10　开化海顺家庭农场沼液利用现场交流会

（3）生态效益。

开化艾佳牧业有限公司养殖场年产生沼液超10000t，若得不到有效处理，将存在污染生态环境的重大风险。该公司通过大型沼气利用工程，妥善处置养殖粪污，并产出沼气、沼液等资源。检测结果证明，在施用沼液后，茶园土壤与茶叶均无铜、汞、铅、砷等重金属残留风险，含氮化肥、农药的使用大幅减少，避免了长期使用化肥导致的土壤板结、有机质含量下降等问题。同时，长期施用沼液的土壤，其有机质、氮素及微量元素含量显著提升，保水和持续供肥能力增强，土壤理化性质得到有效改善。通过科学合理施用沼液肥，避免了沼液无序施用对生态环境可能造成的二次污染，有效促进循环农业的可持续发展，生态效益良好。

四、柯城区沼液施用于草莓

（一）推荐单位

柯城区美丽乡村建设中心。

（二）当地情况

柯城区属衢州市市辖区，是浙西政治、经济、文化、贸易中心，是国家历史文化名城。全区现有生猪存栏1.99万头，正常运行农村规模化沼气工程10处，总容积4300 m^3，年利用沼液26600t。沼液主要施用于蔬菜和柑橘、草莓等水果，利用面积5000亩。全区草莓种植面积约300亩，沼液施用约50亩。

（三）基地概况

衢州市柯城秀婷家庭农场位于柯城区沟溪乡洞头村，成立于2017年，2020年被评为"衢州市级示范性家庭农场"，现有标准化示范基地100余亩，主要种植草莓、西瓜、蔬菜等作物，其中草莓40亩（图3-11）。

图3-11 基地大棚内景

(四)应用示范

1. 沼液利用基本概况

衢州市柯城秀婷家庭农场所用沼液来自相距不足千米的衢州市翁富畜禽养殖场,该养殖场年存栏生猪7800头,配套的农村规模化沼气工程总池容1400m^3,年生产沼液8700t。农场与养殖场签订沼液综合利用协议,形成"生猪养殖-沼气工程-菜(果)"生态农业模式。农场在养殖场内建设1个沼液专用泵房,将养殖场的沼液通过管道输送至基地,铺设沼液主管网1300m、支管网3000m,可以覆盖所有草莓种植区域。

2. 沼液施用方法

(1) 沼液成分。

经多次检测分析,该养殖场沼液pH和主要营养成分指标为:pH 8.15、有机质0.46g/kg、总氮1.29g/kg、总磷0.12g/kg、总钾0.097g/kg,还含有铜、锌、钠、钙、镁、硫等矿物质元素。磺胺嘧啶等抗生素和镉、砷、汞、铬、铅等重金属都未检出。

(2) 草莓品种及常规施肥方法。

农场种植的草莓品种为红艳草莓,常规施肥方法为:9月初每亩施用尿素8.0kg、钙镁磷肥12.5kg、硫酸钾14.4kg作基肥,10月、11月、12月每亩各施1次尿素5.3kg、钙镁磷肥7.7kg、硫酸钾9.6kg作追肥。一般亩均施用化肥成本300元,亩产草莓1450kg。

(3) 沼液施用方法。

每年5月草莓基地采用漫灌方式施用沼液,每亩施用沼液3t。沼液漫灌到草莓种植行之间,天气晴好时闷棚不低于15d,2个月以上为最佳。闷棚结束后至草莓种植前都不需要再施用沼液(图3-12)。

9月开始种植草莓,每亩种植5000~6000株草莓苗。草莓生长期内,11月每亩追施5kg水溶肥,12月每亩追施1.5t沼液和5kg水溶肥,翌年1—3月每隔25d每亩施用5kg水溶肥,之后不

图3-12 基地沼液漫灌闷棚

再施用任何肥料，只需要浇水即可。

3．沼液施用效果

一是提高品质，施用沼液可增加草莓单果重，提高糖度。二是提高产量，施用沼液的草莓亩产约1500kg，比原亩产增产5%，优质草莓增加约10%。三是减少病虫害。

4．效益分析

施用沼液可以减少化肥使用量，沼液施用后闷棚，可以抑制草莓根腐病、炭疽病、灰霉病等病害，杀死95%的地下害虫，减少农药使用量30%以上，与常规施肥相比每亩节约成本150元。施用沼液可提升草莓产量和品质，增加草莓单果重，提高糖度，草莓亩产约1500kg，比原亩产增产5%，优质草莓增加约10%，每亩增加产值约1000元，按40亩测算，可节本增收4.6万元。将沼液作为无公害农产品优质有机肥施用于草莓等水果，可以实现养殖场沼液资源化利用，避免沼液直接排放，污染环境，实现养殖污染零排放，为全区沼液资源化利用提供了新模式和示范样板，对推进农牧结合、深化养殖废弃物资源化利用等具有良好的推动作用。

五、桐乡市沼液施用于芦笋

（一）推荐单位

桐乡市农业生态建设指导中心。

（二）当地情况

桐乡市地处浙北杭嘉湖平原腹地。全市现有生猪存栏6.5万头，农村规模化沼气工程5个，总池容3440m³，年利用沼液20800t，主要施用于水稻、芦笋等作物，施用面积约2500亩，其中芦笋100亩。

（三）基地概况

桐乡市同福双丰畜牧生态养殖专业合作社成立于2007年8月，位于凤鸣街道新农村村太湖荡组，合作社占地面积120多亩，共有猪舍面积13800m²，年出栏生猪13000头。2009年11月，养殖场被认定为"浙江省无公害农产品产地",获得"无公害农产品证书",是首批"浙江省美丽生态牧场"(图3-13)。

图3-13 桐乡市同福双丰畜牧生态养殖专业合作社基地全貌

(四)应用示范

1. 沼液利用基本概况

基地建有980 m^3沼气池、500 m^2干粪堆集场、3500 m^3沼液贮肥池(图3-14)和日处理废水150t的工业化废水处理车间。沼液施用于周边45亩芦笋种植基地,年施用量超1000t。

2. 沼液施用方法

(1)芦笋种植要求。

图3-14 贮肥池

①分株育苗:选择优良丰产的种株,将种株按地下茎分枝分成若干株,剔除老化及枯死的贮藏根,选取萌发力强的分株,将分株栽入大田。

②种子育苗:使用上年生产的新种。浸种前对种子进行翻晒,通常需晒1~2d,并对种子进行筛选,清除杂物、秕粒,确保种子的纯度和质量。

(2)沼液质量要求。

所用沼液pH在7.2~7.6之间，凡沼气燃烧时火苗正常，不脱火，没有臭味，表明沼气发酵正常，这种沼液可用于灌溉。沼液pH和主要营养成分指标为：pH 7.2、有机质3.1g/kg、总氮1.03g/kg、铵态氮0.53g/kg、总磷0.24g/kg、总钾0.31g/kg。

(3)沼液施用时期。

①促芽肥（3—4月）：春季促进芽的发育生长，沼液与灌溉水按1∶2的比例进行混合，每亩施用5t沼液，采用皮管浇施。

②壮笋肥（6—7月）：补充因采笋造成笋株体内的营养亏缺，沼液与灌溉水按1∶2的比例进行混合，每次每亩施用5t沼液，采用皮管浇施，根据采收情况每14~20d施用1次。每亩配施高钾水溶肥5kg。

③秋发肥（9—10月）：为越冬积累营养，沼液与灌溉水按1∶1的比例进行混合，每亩施用10t沼液，采用皮管浇施。每亩配施平衡型复合肥50kg。

3．效益分析

沼液含有农作物需要的多种营养成分，是一种很好的有机肥，对于芦笋产量和品质的提高、病虫害防控和土壤质量改善都起着积极的作用，既解决了养殖业给环境带来的面源污染问题，又能有效促进区域生态农业的持续发展。沼液施用后，芦笋采摘期延长30d，芦笋直径由原来0.8cm增粗至1.0cm，更加粗壮、脆嫩，施用沼液还可减少50%化肥使用量。以亩产500kg芦笋地为例，按增产20%，每千克10元计，可增收1000元/亩，每亩芦笋化肥全年节约140元，合计每亩可节本增收1140元。

六、武义县沼液施用于茶园

(一)推荐单位

武义县畜牧农机发展中心。

(二)当地情况

武义县位于浙江省中部，金华市南部。全县现保留养殖场共359家，生猪存栏13.9万头，现有农村规模化沼气工程300处，总容积31000m³，基地和田间贮肥池32000m³，沼液输送管网超170000m，落实生态消纳土地4.8万亩，年利用沼液150000t，主要施用于茶叶、水稻、莲子等农作物，其中茶叶约1万亩。

（三）基地概况

浙江煊绿农业开发有限公司（图3-15）坐落于武义县王宅镇孙里坞扑刀岗，占地700亩，公司现有标准化猪舍12000m²（图3-16），生猪常年存栏5000头，整个养殖场采用全自动送料饲喂系统、全自动节水阀给水系统、全自动"V"形贴板粪尿分离收集系统，实现源头节水，有效节水率达60%。公司年产生畜禽粪污11300t，现有厌氧池总池容超1000m³的农村规模化沼气工程1处，同时还新增1套生化处理系统，在用肥淡季，将污水进行处理达标后排放。公司于2013年开始施用沼液，经综合测算，年利用沼液约8000t，主要施用于周边500亩茶园，剩余部分用于场内有机肥加工厂发酵有机肥。

图3-15 基地大门

图3-16 育肥舍

（四）应用示范

1. 沼液利用基本概况

基地建有沼液贮肥池750m³，铺设沼液输送管网30000m，配套500亩茶园作为沼液消纳地，其中230亩茶园采用微喷灌，270亩茶园通过普通管道直接浇灌。

2. 沼液施用方法

茶园所施沼液pH和主要营养成分指标为：pH 7.35、有机质4.1g/kg、总氮2.71g/kg、铵态氮1.4g/kg、总磷0.37g/kg、总钾1.13g/kg。

基地将采用微喷灌的230亩茶园分为10块种植区域，对各区域轮流施用沼液，平均每亩每年施用沼液5.7t，同时在越冬时配施复合肥35kg。另外270亩茶园主要根据土壤水分状况进行沼液施用，沼液施用量以茶园地面湿润且不产生径流为限。

3. 沼液利用特色

（1）通过科学化管理提高养分利用率。经过测定，使用沼液微喷灌区域与非喷灌区域相比，茶树对氮、磷的吸收利用率分别提高18.12%和8.33%。

（2）专有设计提高沼液施用效率。茶园内微喷灌区域的管头采用专有设计，自投入使用以来未发生严重的堵塞问题，主要方法为：加大出水口直径；在喷水口上方加装盖子，以防沼液喷洒过高；出水口处喷头可拆卸，遇堵时可直接拆下疏通。

七、庆元县沼液施用于毛竹、荷塘、甜橘柚

(一) 推荐单位

庆元县农业农村局土肥植保能源中心。

(二) 当地情况

庆元县位于浙江省西南部。全县生猪存栏2.64万头，现有正常运行农村规模化沼气工程9处，容积近3000m³，年利用沼液50000t，主要施用于竹山、甜橘柚山、荷塘等，区域总利用面积3000亩，其中竹山1200亩、甜橘柚山1000亩、荷塘800亩。

(三) 基地概况

庆元县和泰家庭农场成立于2010年8月，位于隆宫乡里地村，规模养殖场面积8亩多，现有母猪年存栏120多头。农场先后被评为"丽水市生态精品现代农业示范家庭农场"和"浙江省美丽生态牧场"，并于2015年获得庆元县"五水共治"养殖污染整治优胜二等奖。

(四)应用示范

1. 沼液利用基本概况

农场建有农村沼气集中供气工程1处,包括厌氧池200m³、集粪酸化池和贮肥池等其他附属池136m³、贮气柜1套100m³(包括脱硫塔、阻火器等)、运行管理房24m²,铺设输气管道4500m等,沼气供应里地村120多户村民。产生的沼液流入贮肥池后每隔2~3d用高压水泵抽至毛竹林中的贮肥池(图3-17),或用槽罐车将沼液运送至庆元县樠柚家庭农场和庆元县云露富硒莲专业合作社,为作物种植提供优质有机肥,利用面积300亩,其中毛竹山100亩、荷塘150亩、甜橘柚山50亩。

图3-17 污水泵将沼液抽至竹林中的贮肥池

2. 沼液施用方法

(1)根部施用。

毛竹、甜橘柚树、荷塘一般亩用量为500~3000kg,施用的时间一般以晴天的傍晚为好,雨天或者土壤过湿时不宜施用。浇施具有工作强度低、易操作的优点,装有滴灌装置的,也可以直接采用滴灌。沼液既可当基肥,又可用于追肥,结合灌溉浇施沼液,使肥料中的养分与水混合,施入土壤,有利于根系吸收。浇施的用量要视毛竹、甜橘柚树大小来定,一般每株施用量以30~

60kg为宜;荷塘可采取直接倾倒的方法施肥,一般每亩可施用500~1000kg(图3-18)。

图3-18 沼液作基肥施用于荷花塘

(2)叶面喷施。

甜橘柚树可以根据气候、长势和病虫害等情况,采用纯沼液、稀沼液或配合农药、化肥喷施,果树每个生长期前后都可喷施沼液,一般每株果树喷施25~50kg。沼液喷施时间一般在春、秋、冬季的上午露水干后和夏季的傍晚,中午高温时不宜喷施,以防灼伤叶片。

3. 效益分析

下坑毛竹林在农场周围的山上,面积有100多亩。施用沼液后,每亩毛竹化肥用量可减少50kg,按复合肥市场价每吨5000元计算,一年可节省肥料成本2万多元。施用沼液前的毛竹直径为7~8cm,施用沼液后,每根毛竹的直径为11~12cm,毛竹品质得到提升。施用沼液后每年春笋可以多卖2万多元,毛竹可以多卖10多万元。

庆元县榧柚家庭农场现有甜橘柚50亩，施用沼液后每年能节省肥料近2t，节约成本6000多元，亩产从1400kg左右提高到1600kg左右，色泽较未施用前鲜艳，成效显著。

庆元县云露富硒莲专业合作社是一家主营富硒莲子、富硒米等产品的合作社，共种植荷花150多亩。施用沼液后，每亩荷塘有机肥用量可减少300kg，按有机肥市场价每吨800元计算，可节约成本3万多元。种植的莲子在田间管理过程中施用沼液、富硒营养剂，加工过程使用纯手工剥皮、抽心，提升莲子品质，每年的莲子销往杭州、宁波等地，深受顾客喜爱。

八、常山县沼液施用于胡柚

（一）推荐单位

常山县农田建设中心。

（二）当地情况

常山县位于衢州市西南山区，是全省的西大门。全县现有水稻种植面积9.8万亩，胡柚种植面积10.5万亩，生猪存栏5万头，农村规模化沼气工程46处，总容积17000m³，年利用沼液23000t，总利用面积0.9万亩，主要施用于胡柚等水果以及蔬菜。

（三）基地概况

常山县十里山庄养殖场（图3-19）占地面积360亩，年存栏母猪240头、生猪2400头。养殖场先后被评为"浙江省美丽生态牧场"和"常山县农业龙头企业"，并获得无公害生猪产地、产品双认证。养殖场采用干清粪工艺，采取"雨污分流、

图3-19 养殖场全貌

干湿分离、厌氧发酵、土地消纳"的技术模式，实现畜禽粪污资源化利用。

(四)应用示范

1. 沼液利用基本概况

养殖场建有农村规模化沼气工程1处，其中厌氧发酵池900 m³、贮肥池800 m³（图3-20）、各类配套池860 m³，铺设沼液输送主管道2000 m、支管道1000 m，并建有均匀分布的沼液墩，周边配套胡柚种植消纳地210亩（图3-21），年均利用沼液约1600 t。养殖场于2013年开始施用沼液，主要施用于水稻，后陆续开始种植胡柚。本案例中用于施用效果分析的胡柚树基本上为3年生，种植密度为53～66株/亩，处于生长期，果实较小。

图3-20 贮肥池

图3-21 胡柚园

2. 沼液施用方法

(1) 沼液养分含量。

养殖场定期测定沼液养分状况，根据沼液养分含量确定沼液施用量、稀释倍数和施用时间。经多次检测分析沼液成分，沼液pH和主要营养成分指标为：pH 8.41、总氮1.1 g/kg、总磷0.28 g/kg、总钾1.7 g/kg、铜0.04 mg/kg、锌

0.25mg/kg、砷0.01mg/kg、镉＜0.001mg/kg。土壤为丘陵红壤岗地，土层深厚，肥力较差，pH约为5.23。

(2) 沼液施用方式。

现有沼液施用方式以皮管浇施、沟灌为主。施肥时在树冠一侧或者两侧附近土壤开条形沟或环状沟，开条形沟时沟长1~1.5m，宽0.5~1m，深20~30cm。待沼液渗入土壤后即松土覆盖，盖土深度为6~7cm。

(3) 沼液施用时期。

①芽前、采果期。沼液以沟灌方式施用；保果壮果期以沟灌为主，辅助叶面喷施。

②芽前肥。在2—3月，萌芽前10~15d施用沼液，每亩施用量2~4t。

③保果壮果肥。在5月上旬至8月下旬施用沼液，每亩施用量4~8t，配施钾肥（以K_2O计）3~5kg。沼液叶面喷施时与水1∶1稀释，每隔5~7d喷施1次，一般不超过5次。

④采果肥：在采摘3~5d后施用沼液，每亩施用量2~4t。

⑤晚熟设施栽培采果期较迟，芽前肥与采果肥合二为一。

3. 效益分析

(1) 改善土壤理化性状。通过沼液施用，有效地改善了土壤的理化结构，促进微生物和土壤生物的活动，促进土壤中营养元素的分解，提高土壤的保肥性和缓冲性。经检测，施用沼液2~3年后的胡柚园土壤肥力提高较为明显，以速效钾的变化最为显著，全氮、全磷、有效磷的变化亦较为显著，与不施用任何肥料的地块相比，全氮、全磷、有效磷和速效钾的含量分别提高到原来的1.29倍、1.44倍、1.57倍和2.29倍。土壤容重降低了17.8%，孔隙率提高了15.6%，pH提高了15.4%，可有效改善林地的酸碱度。

(2) 提高产量和品质。虽然胡柚树仅为3年生，处于初果期，产量还不高，平均重量也较小，但是施用沼液后，产量仍有一定提高。施用沼液比不施用任何肥料的地块胡柚个数增加了8.3%，总重量增加了19.6%，平均重量增加了9.5%，产量增加了19.6%，增产效果显著；胡柚总糖含量增加了5.8%，胡柚果实的β-胡萝卜素含量增加了1.78倍，有效地提高了胡柚品质。经测算，每亩每年可增收1170元，210亩基地预计年增收约24.6万元。

(3) 对土壤重金属累积影响不大。施用沼液后，对照《土壤环境质量　农用地土壤污染风险管控标准》(GB 15618—2018)，土壤中的铜、锌、镉、砷等4种重金属含量均远低于标准限值，即沼液施加未导致土壤重金属安全风险的提升。

（4）社会效益显著。通过基地示范带动与沼液施用技术的培训普及，全县推广应用沼液科学施用于胡柚2000亩，年可增收230万元左右，同时有效解决了沼液资源化利用难题，经济和环境保护效益显著。

九、乐清市沼液施用于草莓

（一）推荐单位

乐清市农业农村生态与能源发展中心。

（二）基地概况

乐清市创新农场位于乐清市柳市镇黄华村，现承包面积230亩，是温州市农业培训基地、浙江省科技示范户、温州市党员培训示范基地、农民田间学校。基地草莓种植面积70亩，2016年开始，农场选择10亩草莓大棚开展沼液在草莓上的科学施用技术研究与示范。

（三）应用示范

1. 沼液利用基本概况

农场有10亩草莓大棚（图3-22），配套建设20 m^3 罐体1个，主管道300 m、滴灌细管道3000 m的沼液滴灌系统1套。农场利用三级过滤和微泡曝气、自动反冲洗等技术手段确保沼液达到滴灌要求，避免堵塞系统（图3-23）。农场将过滤的沼液与水配比混合后滴灌施用。农场实施物联网对氮传感测定，用电解水对产品进行清洗和消毒，确保食品安全。示范基地所施用沼液来自乐清市畜禽排泄物收集服务有限公司，发酵原料为牛尿，沼液主要理化指标见表3-1。

图3-22　草莓大棚

图3-23　沼液过滤系统(后端)

表3-1　沼液主要理化指标

指标	pH	电导率/(mS/m)	总氮/(g/kg)	磷/(g/kg)	钾/(g/kg)
沼液	7.0	1538.9	1.0	0.5	1.0

2．沼液施用方法

沼液经过沉淀过滤后采用根部滴灌和叶面喷施方式施用。草莓定植成活后1周开始施用沼液，沼液与水按1∶1的稀释比例进行第1次根部追肥，施用量为75000 kg/hm^2，半月后再按上述方法进行第2次根部追肥。在草莓开花结果期，叶面喷施沼液675 kg/hm^{2}进行追肥，沼液与水按1∶2稀释，每10 d施1次，共计4次。

3．效益分析

3年的试验结果表明，施用沼液后，草莓的可溶性固形物含量增长了25.5%，总糖含量增长了37.8%，酸糖比降低了27.5%。施用沼液的草莓甜度较高，口感香软，但耐储性不如常规种植草莓。施用沼液后，草莓基地年节本增收2.05万元，土壤结构得到了有效改善，农产品品质得到了提升，生态、经济、社会效益十分显著。经两次检测，施用沼液后的草莓基地土壤肥力明显提高(表3-2)。

表3-2　土壤肥力变化

指标	pH	水解性氮/(mg/kg)	有效磷/(mg/kg)	速效钾/(mg/kg)
施用沼液前的土壤	3.88	151	173.6	328.5
施用沼液后的土壤	4.24	238	174.8	490.0

十、嵊州市沼液施用于高粱、水稻等作物

(一)推荐单位

嵊州市农业技术推广中心。

(二)当地情况

嵊州市地处浙江省东部。全市现有正常运行农村规模化沼气工程354处,厌氧池总池容29000m³,年可有效利用沼液超300000t,主要供养殖场周边农户消纳使用,施用于粮食、蔬菜、花木等农作物,区域总利用面积2.6万亩。

(三)基地概况

嵊州市长乐镇苗永粮食专业合作社位于嵊州市长乐镇四联村。合作社拥有承包土地428亩,其中水田352亩,旱地76亩,主要种植高粱、水稻和玉米(图3-24)。

图3-24 沼液施用于玉米

(四)应用示范

1. 沼液利用基本概况

合作社在四联村前山高粱基地建造贮肥池1个(图3-25),铺设安装沼液输送管道1350m,修建占地面积800m²的存水塘1个,建立肥水同灌设施1套,建立高粱沼液利用核心示范基地53亩。在联塘前畈铺设安装沼液输送管道1660m,引进春优927、

图3-25 农田沼液贮肥池

金早47等水稻新优品种,建立水稻沼液利用核心示范基地82亩。沼液施用一

般采用喷灌和漫灌。

沼液由基地附近张旭生猪养殖场和陶友明生猪养殖场提供。

2. 沼液施用于高粱

（1）沼液施用方法。

①作基肥：用量为每亩21t，采用软管浇灌方式施用。

②作追肥：高粱生长中期用量为每亩13t。

（2）施用效果分析。

经测产，施用沼液的单季高粱亩产量为467kg，常规施肥（每亩基施三元复合肥40kg，追肥尿素15kg）的亩产量为319kg，施用沼液的单季高粱比常规施化肥增产46.39%，增产效果十分显著。

对沼液施用前后的土壤养分含量进行分析，结果见表3-3。由此可知，施用沼液对缓解土壤酸化、提高有机质含量效果显著。土壤全氮、有效磷、速效钾和缓效钾等养分含量也明显提高。

表3-3　沼液施用对土壤养分含量的影响

指标	pH	全氮/(g/kg)	有效磷/(mg/kg)	速效钾/(mg/kg)	缓效钾(mg/kg)
沼液施用前	4.18	0.18	14.96	127	436.7
沼液施用后	6.44	0.77	21.81	198	1098.1

3. 沼液施用于水稻

为了研究适宜早稻的沼液施用模式，基地开展了沼液不同施用量对比试验（图3-26），不同沼液施用模式和产量见表3-4。试验发现，不同沼液用量的早稻产量都高于全化肥，以翻耕前漫灌沼液每亩30t，播种后30d亩施尿素7.5kg的施用方式产量最高，每亩20t沼液用

图3-26　单季稻沼液应用试验测产验收

量与每亩30t沼液用量间早稻产量差异较小，但每亩50t沼液用量的早稻产量明显下降，和常规施肥接近，适宜的沼液用量为每亩20～30t。

表3-4 早稻沼液施用模式和产量

模式	基肥	追肥	亩产量/kg
沼液施用模式1	翻耕前漫灌沼液每亩20t	播种后30d亩施尿素7.5kg	323.3
沼液施用模式2	翻耕前漫灌沼液每亩30t	播种后30d亩施尿素7.5kg	349.8
沼液施用模式3	翻耕前漫灌沼液每亩50t	播种后30d亩施尿素7.5kg	291.2
对照（全化肥）	翻耕前亩施复合肥15kg	播种后30d亩施尿素7.5kg	287.1

4．综合效益分析

基地年沼液施用量超4600t，经过2年的推广应用，粮食总产量比施用沼液前增产37.9t，增长6.32%。和常规化肥施用模式相比，施用沼液每亩可节省人工和肥料成本等综合费用65元，土壤质量也明显提升。

十一、奉化区沼液施用于茭白

（一）推荐单位

宁波市奉化区农业技术服务总站。

（二）当地情况

奉化区位于宁波市南部。全区现有生猪存栏9.71万头，正常运行农村规模化沼气工程18处，容积2800m³，年利用沼液42880t，区域总利用面积4005亩，主要施用于莲藕、水蜜桃、猕猴桃、茭白等作物。

（三）基地概况

宁波市奉化忠权家庭农场成立于2013年3月，位于东环线旁，距奉化城区6km。农场现有管理用房1300m²，种植基地280亩，其中茭白基地160亩。

(四)应用示范

1. 沼液利用基本概况

农场自2015年开始利用畜禽养殖场沼液解决茭白肥料来源问题,年利用沼液约20000t。茭白基地所施用沼液来自宁波奉化义海农业发展有限公司。该公司现有生猪存栏2670头,建有农村规模化沼气工程1处,厌氧池容积200m^3。农场现有

图3-27 沼液施用于茭白

专用沼液运输车2辆、容积150m^3的沼液贮肥池1个、专用提升泵2只,铺设沼液管网500m。沼液通过沼液运输车配送至沼液贮肥池,通过沼液输送管网施用到茭白种植基地(图3-27)。

2. 沼液施用方法

(1)夏季茭白施肥。

①沼液作基肥:2月上旬施用基肥1次,施用量为每亩40~50t,等沼液自然落干后,翻耕入土。

②沼液作追肥:4月上旬分蘖肥每亩施用复合肥10kg,5月上旬孕茭肥每亩施用尿素15kg和沼液20t。由于沼液浓度较高,先将沼液输入一畦白地后,再灌水输入到茭白基地。双季茭白孕茭前30d停止施用沼液,以防茭白贪青推迟孕茭。

(2)秋季茭白施肥。

①沼液作基肥:7月上旬施用基肥1次,施用量为每亩40~50t,等沼液自然落干后,翻耕入土。

②化肥作追肥:8月上旬分蘖肥每亩施用复合肥10kg,9月上旬孕茭肥每亩施用尿素15kg。

3. 效益分析

(1)经济效益。

农场160亩茭白基地利用沼液代替化肥施用于茭白种植,降低了农业生

产成本，化肥亩用量减少125kg，下降53.2%，可节省化肥生产成本约8万元，农作物产量增加500kg左右，增幅约12.5%，双季茭白亩产可达3000～3200kg，每亩增收约2500元，取得了较好的经济效益。

（2）生态效益。

茭白基地年消纳沼液20000t，推动了沼液资源化高效利用，避免了粪污随意排放造成的环境污染，由沼液代替化肥施肥，从源头上降低了农业面源污染的风险，实现了较好的生态效益。长期利用沼液培肥，改善了土壤的理化性质，增加了土壤的有机质含量。从2020年土壤常规检测数据分析可知，土壤有机质单项指标从原先的20.1g/kg提升至22.3g/kg，增加了10.9%，土壤肥力增强有效促进了农业可持续发展。

第二节　沼液科学施用试验与示范

一、开化县芦笋沼液科学施用试验与示范

（一）推荐单位

开化县新农村建设中心。

（二）当地情况

开化县位于浙江省西部，衢州市西北部，是典型的山区县。全县现有生猪存栏6.9万头，正常运行农村规模化沼气工程119处，厌氧池总池容约28000m^3，年利用沼液100000t，主要施用于茶叶、蔬菜、水果等经济作物，面积1.5万亩，其中茶叶3500亩、芦笋300亩。

（三）基地概况

开化菁山农业开发有限公司成立于2013年，是开化县农业开发龙头企

业，其果蔬基地位于音坑乡明廉村，是开化县无公害果蔬种植的现代农业示范基地。基地自2017年开始施用沼液，建有沼液综合利用示范基地500亩，主要施用于芦笋、韭菜、火龙果和脆枣等果蔬，其中芦笋种植面积达300亩（图3-28）。

图3-28　芦笋基地

（四）应用示范

1. 沼液利用基本概况

基地于2018年开始选用附近的开化县友成家庭农场提供的沼液。该农场年可出栏商品猪3000头，建有农场规模化沼气工程1处，其中厌氧池800m^3、沼液贮肥池超800m^3，铺设沼液输送管道4000m，配套1000余亩沼液生态消纳地（图3-29）。

图3-29　沼液异地配送

2. 沼液科学施用试验

（1）试验设计。

供试芦笋品种为金冠F1，供试土壤为河滩砂壤土，土壤pH 4.82、有机质17.54g/kg、全氮0.88g/kg、全磷0.22g/kg、全钾0.36g/kg、碱解氮47.96mg/kg、有效磷36.49mg/kg、速效钾32.47g/kg。供试沼液pH和主要营养成分指标为：pH 8.12、总氮1.2g/kg、总磷0.03g/kg、总钾0.58g/kg。

试验按照沼液替代化肥氮25%、50%、75%和100%，设6个处理，分别为不施肥（CK处理）、常规施用化肥（NPK处理）、25%沼液氮替代化肥氮（25% N）、50%沼液氮替代化肥氮（50% N）、75%沼液氮替代化肥氮（75% N）、100%沼液氮替代化肥氮（100% N），3次重复，共18个小区。每个小区包含2垄，长3m。沼液采用管道浇施（图3-30）。

图3-30　沼液管道浇施

纯施用化肥的处理：入冬前清园期、第一次养苗期、第一次采收期、第二次清园期、第二次养苗期和第二次采收期6个时期分别每亩施用化肥（以氮素计）4kg、6kg、2kg、4kg、6kg和2kg。磷肥作基肥一次性随有机肥施用。钾肥分别在养苗期施用，每个养苗期每亩施用K_2O 8kg。

（2）试验结果。

①沼液替代化肥对芦笋地土壤养分的影响。从表3-5可以看出，与常规施用化肥处理（NPK）相比，不同沼液替代处理（25%、50%、75%和100%），土壤pH、全氮、全磷、碱解氮和有效磷含量与常规施用化肥处理（NPK）间差异都不显著。沼液替代量超过50%时，土壤有机质和速效钾含量显著高于常规施用化肥处理。沼液替代量超过75%时，土壤全钾含量显著提高。

表3-5　沼液施用对芦笋地土壤化学性质的影响

处理	pH	全氮/(g/kg)	全磷/(g/kg)	全钾/(g/kg)	碱解氮/(g/kg)	有效磷/(g/kg)	速效钾/(g/kg)
CK	4.82a	0.88a	0.22a	0.36b	47.96b	36.49b	32.27c
NPK	4.75a	1.01a	0.19a	0.61ab	55.30ab	42.02ab	35.89bc
25%N	4.98a	0.92a	0.22a	0.74ab	58.571ab	46.31ab	33.94c
50%N	5.22a	1.17a	0.20a	0.74ab	61.57a	47.47a	49.99ab
75%N	5.47a	1.16a	0.22a	0.81a	64.93a	42.31ab	53.34a
100%N	5.75a	1.24a	0.23a	1.00a	64.59a	49.69a	53.41a

注：1. 同列不同字母表示差异达0.05显著水平。
　　2. CK处理为对照不施肥，NPK处理为常规施用化肥，25%N处理为25%沼液氮替代化肥氮，50%N处理为50%沼液氮替代化肥氮，75%N处理为75%沼液氮替代化肥氮，100%N处理为100%沼液氮替代化肥氮，下同。

②沼液替代化肥对土壤重金属富集的影响。从表3-6可以看出，与CK处理相比，常规施用化肥或沼液替代化肥施用对铜、铬、镉、镍、铅和锌的富集均没有显著性差异。

试验各处理中土壤铜、铬、铅、锌的含量均未超过国家二级标准限量值（铜50mg/kg、铬150mg/kg、铅250mg/kg、锌200mg/kg）。试验各处理中土壤镉和镍的含量均超过国家二级标准限量值（镉0.30mg/kg、镍40mg/kg），主要是因为土壤镉和镍本底值比较高，而不是由施肥带来的重金属富集。由此可见，施用沼液不会导致重金属在土壤表面富集。

表3-6　沼液施用对芦笋地表层重金属富集的影响

处理	铜/(mg/kg)	铬/(mg/kg)	镉/(mg/kg)	镍/(mg/kg)	铅/(mg/kg)	锌/(mg/kg)
CK	36.86a	36.72a	0.51a	66.03a	32.01a	88.78a
NPK	41.14a	41.00a	0.59a	65.44a	31.78a	88.83a
25%N	37.41a	37.28a	0.55a	67.35a	31.79a	93.42a
50%N	41.04a	40.90a	0.50a	64.98a	32.77a	93.16a

续表

处理	铜/ (mg/kg)	铬/ (mg/kg)	镉/ (mg/kg)	镍/ (mg/kg)	铅/ (mg/kg)	锌/ (mg/kg)
75%N	38.59a	38.46a	0.59a	66.65a	33.29a	93.04a
100%N	41.70a	41.56a	0.57a	68.29a	33.65a	93.90a

③沼液替代化肥对芦笋品质的影响。从表3-7可以看出，与常规施用化肥相比，沼液替代各处理对芦笋可溶性糖没有显著影响，沼液替代量超过50%时，芦笋可溶性蛋白含量明显提高。沼液替代各处理对芦笋中锰和铜的含量也没有明显影响，但锌的累积量明显提高。

表3-7 沼液施用对芦笋品质的影响

处理	可溶性糖/ %	可溶性蛋白/ (g/100g)	铁/ (mg/kg)	锰/ (mg/kg)	铜/ (mg/kg)	锌/ (mg/kg)
CK	3.63a	0.08b	14.20b	0.86a	0.83a	4.58b
NPK	3.79a	0.09b	22.87ab	0.88a	0.86a	4.51b
25%N	3.95a	0.10b	25.55ab	0.89a	0.91a	4.85b
50%N	4.00a	0.15a	24.03ab	1.06a	1.01a	5.11ab
75%N	3.98a	0.19a	26.67a	1.17a	0.91a	5.76a
100%N	4.05a	0.23a	28.35a	1.19a	1.04a	5.96a

（3）结论。

与常规施用化肥相比，沼液替代量超过50%时，土壤有机质和速效钾含量显著提高。沼液不同替代量对芦笋地表层土壤重金属铜、铬、镉、镍、铅和锌含量的累积都没有显著影响。沼液替代量超过50%时，芦笋嫩茎中的可溶性蛋白、微量元素锌含量显著提高，且≥75%沼液替代化肥处理能显著提升其含量。由此可见，施用沼液替代化肥能够提升土壤肥力水平，丰富土壤微生物量，促进植株生长，优化芦笋品质。

3. 效益分析

沼液施用于芦笋、韭菜、火龙果和脆枣等500亩果蔬基地（其中芦笋种植面积达300亩），年产高品质无公害蔬果超300t，年产值1000万元，增收100万元；年推广利用沼液近3000t，节约水资源超630t，年节省肥料支出30万元。

二、遂昌县猕猴桃园沼液科学施用试验与示范

（一）推荐单位

遂昌县土肥植保能源站。

（二）当地情况

遂昌县位于浙江省西南部。全县现有农村规模化沼气工程49处，总容积20750m^3，年利用沼液91000t，主要施用于水果、茶叶、毛竹、蔬菜等作物，区域总利用面积7860亩，其中施用沼液的水果园2800亩，占水果种植面积的8.5%，猕猴桃园218亩，占猕猴桃种植面积的2.2%。

（三）基地概况

遂昌金火家庭农场位于丽水市遂昌县妙高街道苍畈村，是一家专业从事猕猴桃生产和销售的农场，2011年开始种植猕猴桃，现有基地面积50.5亩，种植国内目前最优质的红阳、翠香、金艳、华特和软枣等10多个猕猴桃新优品种。农场被评为"浙江省省级示范性家庭农场"和"浙江省农业科技示范基地"；产品于2020年7月通过国家绿色食品认证，被评为"遂昌县十佳猕猴桃"。基地于2019年开始施用沼液，主要施用于32亩猕猴桃果园。

（四）应用示范

1. 沼液施用基本概况

基地建有32亩猕猴桃避雨栽培连栋大棚（图3-31），建立肥水同灌系统1套，包括8m^3沼液过滤池1个、12m^3沼液沉淀池1个、20m^3蓄水池1个、370W增压泵1台，铺设滴灌管道14208m，可覆盖面积32亩。连栋大棚的建设解

图3-31 连栋大棚一角

决了3—6月阴雨天气果园土壤由于水分饱和而无法施用沼液的难题，减少了沼液随雨水冲刷流失造成的二次污染。

2. 沼液最佳施用量和施用效果对比试验

试验选择在32亩猕猴桃避雨栽培连栋大棚进行，提高了试验的准确性和可靠性，减少了天然降水对试验开展和试验结果的影响。整个试验基地实现了精准控水，确保了沼液施用浓度的精准、可控，为试验提供良好的基础条件，保障了试验结果的客观性和科学性。

（1）试验材料。

供试猕猴桃品种为当地代表性品种——红阳，试验区树龄6年，已进入盛产期，行株距3m×2.5m，亩栽89株。供试沼液由遂昌新源农牧公司提供，主要营养成分为：总氮0.7～2.4g/kg（平均值1.5g/kg）、总磷0.1～0.3g/kg（平均值0.26g/kg）、总钾0.5～1.4g/kg（平均值0.9g/kg）。供试有机肥采用遂昌绿金生态有机肥有限公司生产的以木薯、食用菌废菌棒为原料的商品有机肥，总有机质含量≥45%。化肥采用山西阳煤丰喜肥业（集团）有限责任公司生产的"百年树"牌高塔水溶复合肥料（硫酸钾型，N-P_2O_5-K_2O，20-5-20，总养分≥45%）。

（2）试验设计。

试验设6个处理，以不同沼液施用量为变量，按照每株施用沼液70kg、52.5kg和35kg设置3个处理，各处理追肥均每株施用0.5kg复合肥；以每株施用沼液52.5kg为基准，设计添加15kg秸秆覆盖和30kg秸秆覆盖2个处理。以常规施用化肥，不施用沼液作为对照。各处理沼液和复合肥施用量见表3-8。每个处理秋末都同样施用商品有机肥10kg。每个处理12株（两行），共72株。

表3-8 各处理沼液和复合肥施用量

处理	每株沼液施用量/kg	每株复合肥施用量/kg	秸秆覆盖	每株沼液氮投入量/kg	每株复合肥氮投入量/kg	每株总氮投入量/kg
处理1（对照）	0	1.3	无	0	0.195	0.195
处理2	70	0.5	无	0.119	0.075	0.194

续表

处理	每株沼液施用量/kg	每株复合肥施用量/kg	秸秆覆盖	每株沼液氮投入量/kg	每株复合肥氮投入量/kg	每株总氮投入量/kg
处理3	52.5	0.5	无	0.089	0.075	0.164
处理4	35	0.5	无	0.060	0.075	0.135
处理5	52.5	0.5	油菜秸秆7.5kg，稻草7.5kg	0.089	0.075	0.164
处理6	52.5	0.5	油菜秸秆15kg，稻草15kg	0.089	0.075	0.164

（3）试验结果。

①不同处理对猕猴桃产量的影响。从表3-9可以看出，不同沼液替代处理的猕猴桃产量均高于全化肥处理，不同沼液施用量的3个处理随着沼液施用量的减少，猕猴桃增产幅度也略有下降。处理5的猕猴桃增产幅度略高于处理6，且2个秸秆覆盖处理的猕猴桃增产幅度均高于单纯沼液替代处理。表明沼液配施化肥有一定的增产效果，能减少化肥的施用量，而且施用沼液配合畦面秸秆覆盖，增产效果更佳（图3-32）。

图3-32　红阳猕猴桃丰产状

表3-9　沼液施用对猕猴桃产量的影响

处理	平均株产量/kg	折算亩产量/kg	与对照相比增加的百分比/%
处理1（对照）	17.56	1563	
处理2	18.10	1611	3.07
处理3	18.08	1609	2.94

续表

处理	平均株产量/kg	折算亩产量/kg	与对照相比增加的百分比/%
处理4	17.82	1596	2.11
处理5	18.28	1627	4.09
处理6	18.24	1623	3.84

②不同处理对猕猴桃品质的影响。从表3-10数据对比发现，沼液替代的3个处理中，处理2的猕猴桃可滴定酸含量高于全化肥处理，可溶性固形物含量则低于全化肥处理，糖酸比略有下降，可见沼液施用量过高对猕猴桃果实综合品质有一定的影响。处理3和处理4的猕猴桃可溶性糖、可溶性固形物和干物质含量均有提高，可滴定酸含量下降，糖酸比有所提高。2个秸秆覆盖处理的果实各项品质指标没有明显差异，但均优于全化肥处理。

表3-10 果实品质检测统计表

处理	可溶性糖/%	糖酸比	可滴定酸/%	可溶性固形物/%	干物质/(g/100g)
处理1（对照）	8.70	3.92	2.22	12.8	15.4
处理2	9.22	3.91	2.36	12.5	15.7
处理3	10.02	4.55	2.02	14.3	16.3
处理4	9.81	4.86	2.02	13.8	15.9
处理5	10.13	5.06	2.00	15.8	16.0
处理6	10.08	5.04	2.00	15.3	17.1

（4）结论。

试验结果初步表明，施用沼液有一定的增产效果，并且施用沼液配合畦面秸秆覆盖，增产效果更佳。在果实品质方面，施用沼液能减少化肥用量，对果实品质有较明显的改善作用。但沼液施用量和施用方法必须合理，当每株树沼液年施用量达到70kg时，对果实品质有一定的影响，可滴定酸含量提高，可溶性固形物含量降低，从而造成果实综合品质下降。

3. 效益分析

（1）经济效益。

猕猴桃园沼液合理施用示范应用32亩，经初步测产，32亩示范基地亩均产量达到1605.3kg，比不施用沼液的对照增产42.3kg，增幅2.71%。2020年，32亩示范基地总产量51.3t，总产值53.5万元，亩均产值1.67万元，成为遂昌县农业生态高效栽培的示范。田间观察发现，施用沼液的猕猴桃树体长势健壮，叶片健康浓绿，可持续生产能力强，经济效益明显。

（2）社会效益。

通过试验示范猕猴桃园沼液合理施用技术，结合其他猕猴桃生态高效栽培综合技术，可以进一步提高产量、提升品质，为社会提供更多优质、安全的农产品。此外，项目的实施可以示范带动当地和周边农户发展生态水果生产，有利于调整、优化当地农业产业结构，

图3-33　现场技术培训

解决当地农民就业问题，促进当地农民增收致富，具有显著的社会效益（图3-33）。

（3）生态效益。

项目开展沼液合理施用试验示范，推广猕猴桃秸秆覆盖、避雨栽培、疏果控产等生态高效栽培综合技术，解决了畜禽排泄物的环境污染问题，减轻了猕猴桃病虫害的危害，减少了化学农药的使用，既保障了果品质量安全，又有利于减少环境污染，维护生态安全和生态平衡，具有显著的生态效益。

三、天台县沼液"测肥配方、差别利用"模式和桃园沼液高效利用技术研究

（一）推荐单位

天台县农业农村生态能源站。

(二)当地情况

天台县现有农村规模化沼气工程32处,总池容5836m³,其中大中型沼气工程4处,沼气发电并入国家电网2处。天台县依托天台县农能技术服务有限公司开展全县沼液异地配送服务,从事专业沼液配送10人,配备专用车辆8辆,年运输能力可达192000t,年利用沼液可达100000t,主要施用于水稻、果树、蔬菜等作物,总利用面积约1万亩。

(三)基地概况

天台县鑫源农业发展有限公司位于天台县白鹤镇天宫村桃花谷(图3-34),专业从事农产品种植、加工、销售以及旅游、观光、采摘一体化服务。基地主要种植桃、橘子等水果,现有农用设备12台,种植园内已建成水、电、路基础配套设施,全区域铺设水肥共施滴灌系统,于2017年开始施用沼液。

图3-34 基地全貌

(四)应用示范

1. 沼液"测肥配方、差别利用"模式

天台县在省内率先提出"测肥配方、差别利用"沼液高效利用模式。针对全县主要农村规模化沼气工程开展沼液总氮含量定期监测,平均每年检测沼液20个批次,年均检测沼液样品300余个。根据沼液含氮量将畜禽养殖场和种植基地进行精准对接,建立了水稻、桃树、芦笋等沼液利用试验示范基地。建成农村能源监管系统,实时呈现沼液配送路线、时间、数量等,实现全过程、全社会、全时段的智慧监管。将沼液配送等资源化利用补助纳入县级"肥药双控"政策中,每年安排600万元专项资金。制定沼液运输补贴方案,对从事县内沼液配送的社会化服务组织,每吨沼液补助20元,对运至标准贮肥池

且距离单程超过5km的每车每千米追加15元的远距离运费补助，从而解决生态消纳地配套不足或沼液季节性过剩的问题。

2.沼液利用基本概况

公司配套建设钢筋混凝土结构的田间功能性贮肥池设备（图3-35），总容积400m³；建设泵站18座，采用ISW65-160Ⅰ、ISW65-200Ⅰ、ISW65-125ⅠB离心泵，大大节省了管理成本；铺设主管1386m、支管4950m、毛管69393m；建有15m²管理房

图3-35 功能性贮肥池

1间，配有11.5kW水泵1个、配电箱2个、液位显示器2个、野外监控器2个、电动阀3个、阀门12个、网式过滤器1个。

基地建立沼液利用核心示范基地10亩，其他示范基地612亩。基地依托天台县农村能源监管系统，精准对接养殖企业，实时获取沼液含氮量数据。根据基地农事安排和沼液需求量，由天台农夫生猪专业合作社每月提供"沼液物流配送"服务，沼液通过槽罐车运送至桃园基地沼液贮肥池，经过沼液暂存、稀释及养分配比，通过肥水同灌系统进行精准施用。

3.桃园沼液高效利用技术研究

（1）试验设计。

在核心试验示范区块设置沼液利用大区对比试验，试验采用等氮替换方法，根据常规氮肥用量和沼液氮含量确定沼液实际用量，研究沼液全量替代、部分替代方式对桃园土壤肥力、桃树产量、桃子营养品质、桃子重金属含量等的影响。供试沼液来自天台农夫生猪专业合作社，试验期间沼液全氮含量范围为700～3000mg/L。试验设5个处理：

①常规施肥：化肥态氮每亩投入12.75kg。秋冬季（9—11月）亩施复合肥（含氮15%）30kg。保花期（翌年3月）亩施复合肥（含氮15%）25kg，壮果期（翌年5月）亩施复合肥（含氮15%）15kg。

②全沼液施肥：沼液态氮每亩投入12.75kg。秋冬季（9—11月）亩施沼

液折氮肥4.5kg，保花期（翌年3月）亩施沼液折氮肥1.875kg，壮果期（翌年5月）亩施沼液折氮肥2.25kg。

③沼液＋复合肥：化肥态氮每亩投入9kg，沼液态氮每亩投入3.75kg。秋冬季（9—11月）亩施复合肥（含氮15％）30kg（和常规施肥相同），保花期（翌年3月）亩施沼液折氮肥3.75kg，壮果期（翌年5月）亩施沼液折氮肥4.5kg。

④沼液＋商品有机肥：沼液态氮每亩投入8.25kg。秋冬季（9—11月）每株施有机肥10kg。保花期（翌年3月）亩施沼液折氮肥3.75kg，壮果期（翌年5月）亩施沼液折氮肥4.5kg。

⑤沼液＋复合肥＋商品有机肥：化肥态氮每亩投入4.5kg，沼液态氮每亩投入3.75kg。秋冬季（9—11月）亩施有机肥500kg，保花期（翌年3月）亩施沼液折氮肥1.875kg，壮果期（翌年5月）亩施复合肥（含氮15％）30kg。

（2）试验结果。

①沼液施用对桃子营养品质的影响。分别在2019年和2020年取各处理桃子样品，测定可溶性糖、维生素C和可溶性固形物含量。从测定结果来看（表3-11），与常规施肥处理相比，沼液＋有机肥处理在2019年试验中对桃子可溶性糖、维生素C和可溶性固形物含量均有明显的提升作用。其他沼液处理对可溶性糖含量的提升效果不明显，但对维生素C均体现出较好的提升效果。

表3-11 沼液施用对桃子营养品质的影响

处理	可溶性糖/(g/100g)		维生素C/(g/100g)		可溶性固形物/％	
	2019年	2020年	2019年	2020年	2019年	2020年
常规施肥	10.2	12.1	8.09	5.41	13	14.2
全沼液	9.4	10.8	8.6	4.54	12	12.2
沼液＋复合肥	9.4	10.6	11.4	6.76	12	12.7
沼液＋有机肥	11.3	11.3	8.8	6.6	14	14.2
沼液＋复合肥＋有机肥	9.8	10.9	8.84	4.93	12.6	13.5

②沼液施用对桃子重金属含量的影响。分别在2019年和2020年对不同处理桃子的重金属含量进行检测，试验各处理桃子中汞、镉、铅、铬、砷等重金属含量均低于检出限，沼液施用没有造成桃子重金属累积。

③效益分析。相比常规施肥，全沼液的施用成本减少200元，沼液＋复合肥、沼液＋有机肥的施用成本减少100元，沼液＋复合肥＋有机肥的施用成本减少70元。

（3）结论。

综合两年分析结果，沼液施用可明显提高桃子维生素C含量，对可溶性糖和可溶性固形物含量的影响不一致。从各处理应用效果来看，沼液＋有机肥处理有较好的提质效果。

四、永嘉县沼液在草莓、玉米上的应用试验研究与示范

（一）推荐单位

永嘉县生态与能源发展中心。

（二）当地情况

永嘉县位于温州市北部，瓯江下游北岸。2020年年底，全县生猪存栏9.68万头，农村规模化沼气工程38处，总容积8004m^3，年利用沼液47000t，利用面积0.75万亩，主要施用于水稻、茶叶、水果、蔬菜、花木等作物，其中玉米30亩、草莓10亩。

（三）基地概况

温州德亨农业开发有限公司成立于2012年11月，位于永嘉县枫林镇新强村，是温州市食品质量安全重点实验室的示范基地，主要种植国内外"名特稀优"精品果蔬，2020年基地种植甜玉米、糯玉米、水果、瓜类等140亩。企业从2017年开始施用沼液，施用面积10亩，施用作物有草莓、甜玉米、包菜、油菜。

(四)应用示范

1. 沼液利用基本概况

2018年年底,企业建成30 m³沼液过滤池和4 300 m沼液喷滴灌系统(图3-36),喷滴灌辐射面积10亩,并引入喷滴灌远程智控系统(图3-37),可实行喷滴灌系统远程操作及实时监控作物的生产情况、采集分析沼液利用数据。该示范点通过研究果蔬作物的沼液施用技术、沼液与普通商品有机肥的施用效果对比以及对土壤的影响,建立沼液利用的指导性施用体系。

图3-36 沼液喷滴灌系统

图3-37 喷滴灌远程智控系统

2. 沼液浓缩液在草莓种植上的应用试验研究

(1)试验内容。

2017年9—12月,基地开展了沼液浓缩液的施用对比小区试验(图3-38),试验面积15 m²,试验品种草莓(红颊),沼液浓缩液来源为宁波龙兴生态农业科技开发有限公司生产的沼液浓缩肥,氮钾磷含量≥200%,有机质≥30%,施肥方法是沼液稀释后进行浇施,具体施肥操作见表3-12。

图3-38 草莓施用浓缩液对比试验

表3-12 草莓施用沼液浓缩液对比试验

施肥时间	浓缩液稀释倍数	施用方法	施用量	备注
2017年9月18日	300	株边浇施	每株0.25kg	草莓定植后10d
2017年10月8日	300	株边浇施	每株0.25kg	
2017年11月8日	250	四株中心穴施	每穴0.75kg	

（2）试验结果分析。

通过对小区试验大棚草莓（3次重复）的营养生长情况观测及记载结果（表3-13）分析，沼液浓缩肥的施用对草莓生长的影响不明显，株高与叶片数只有微小的差异，但是施用沼液浓缩肥的草莓植株稍显健壮。

表3-13 沼液浓缩液对比试验——草莓生长情况观测

观测时间	沼液		对照	
	株高/cm	叶片数/片	株高/cm	叶片数/片
2017年9月28日	18.0	6.0	18.1	6.0
2017年10月13日	20.1	8.6	21	8.4
2017年10月28日	24.3	10.5	24.5	10.3
2017年11月12日	25.6	11.2	25.6	10.9
2017年11月27日	24.9	11.8	25.1	11.6
2017年12月12日	25.8	10.8	25.7	10.5
2017年12月27日	26.2	11.3	26.3	11.1

3. 沼液在玉米种植上的应用试验研究

（1）试验内容。

2020年3—7月，基地开展了玉米施用沼液对比试验，试验面积4亩（喷施沼液2亩、对照2亩），试验品种甜玉米（中农甜414），沼液来自永嘉县鲤溪农业综合开发有限公司生猪养殖场沼气工程，沼液pH和主要营养成分指标为：pH 7.96、有机质2.0g/kg、总氮0.8g/kg、氨氮719.3mg/L、总磷（P_2O_5）0.1g/kg。沼液施用方法采用喷灌（图3-39），沼液施用对比试验操作见表3-14。

图3-39 沼液喷灌

表3-14 玉米施用沼液对比试验

施肥时间	沼液稀释倍数	施用方法	沼液施用量	备注
2020年5月3日	1∶1	喷施	4t沼液+4t清水	对照区喷清水8t
2020年6月17日	1∶1	喷施	4t沼液+4t清水	对照区喷清水8t

注：2020年3月28日播种，4月14日定植大田，每亩种植3000株。

（2）试验结果。

通过玉米喷施沼液与不喷沼液的对比试验，结果表明：

①喷施沼液的玉米长势均匀，玉米果实大小比较一致，而不喷沼液的玉米果实大小差异较大。

②喷施沼液的玉米始收时间为6月29日，不喷沼液的玉米始收时间为7月1日，相差2d。

③喷施沼液的玉米平均亩产量为950kg，不喷沼液的玉米平均亩产量为920kg。

企业距离沼液产地较远，运输费用较高。玉米产量略有增加，相抵运输费用，经济效益不明显。施用沼液的玉米其品质和口感略优于未施用沼液的玉米。

五、仙居县果桑种植沼液利用试验研究与示范

（一）推荐单位

仙居县农业农村生态与能源站。

（二）当地情况

仙居县位于浙江省东部，台州市西部。全县现有生猪存栏86490头，农村规模化沼气工程56处，容积9050 m³，其中大中型沼气工程7处，容积3200 m³，年利用沼液31000 t，主要施用于水稻、果树、苗木等作物，区域总利用面积1.2万亩，其中施用沼液的果桑约0.2万亩，占果桑种植面积的2/3。

（三）基地概况

台州恒益农业科技发展有限公司是一家集农业科学种植、家禽养殖、农旅休闲、农事研学为一体的现代农业企业。企业以三大板块并进发展，通过以农业发展为基础，以农事研学为载体，以农副产品销售为补充的发展模式，充分利用堆积发酵后的有机肥料和沼气工程产生的沼渣、沼液进行施肥，开展农牧结合的生态养殖，以"台州恒益农业科技发展有限公司＋仙居县祥云种殖专业合作社＋农户＋行政村＋互联网"的发展模式，积极参与乡村振兴和新农村建设。

（四）应用示范

1. 沼液利用基本概况

基地开展沼液在果桑上的科学高效利用示范，试验面积60亩（图3-40，图3-41）。示范基地现有贮肥池110 m³，铺设滴灌管道超20000 m，喷灌设施辐射面积250亩。本试验针对果桑施肥管理技术混乱、病害发生逐年加重的问题，通过沼液代替化肥，开展果桑不同生长期施用沼液对比试验和果桑沼液不同施用量对比试验，探索沼液在果桑上的最佳施用方式。

本试验沼液由台州立方农牧业发展有限公司提供，沼液pH和主要营养成分指标为：pH 8.06、总氮1.02 g/kg、总磷0.128 g/kg、总钾0.45 g/kg。

图3-40　果桑基地

图3-41　沼液施用于果桑

2.果桑沼液科学高效施用试验

（1）试验设计。

按照试验要求，试验共设8个处理（表3-15），3个重复小区，每个小区面积0.21亩（140m²），现场设置600L配肥塑料桶，复合肥和沼液分别经由配肥塑料桶进行喷施，每个小区施用完毕后对配肥塑料桶进行清洗，确保不会对其他小区产生交叉影响。试验于2019年8月开始。肥料施用情况见表3-16。

表3-15　不同处理的试验设计

处理	试验设计
处理1	基肥（15kg复合肥＋7.5kg尿素）＋追肥（15kg复合肥）
处理2	基肥（1.8t沼液）＋追肥（1.2t沼液）
处理3	基肥（1t沼液）＋追肥（1t沼液）＋追肥（1t沼液）
处理4	基肥（3t沼液）
处理5	基肥（1t沼液）＋追肥（1t沼液）
处理6	基肥（2t沼液）＋追肥（2t沼液）
处理7	基肥（3t沼液）＋追肥（3t沼液）
CK	不施用肥料和沼液

表3-16 沼液肥料施用记录表

处理	处理区块	施用方法	第一次			第二次			第三次		
			时间	天气	用量/kg	时间	天气	用量/kg	时间	天气	用量/kg
处理1	A	散施	2019年9月28日	多云	2.5+0.6	2020年2月24日	多云	2.5+0.4			
处理2	B	定量滴灌	2019年9月27日	多云	500	2020年2月24日	多云	400			
处理3	C	定量滴灌	2019年8月23日	晴	300	2019年10月7日	晴	300	2020年2月24日	多云	300
处理4	D	定量滴灌	2019年9月27日	多云	950						
处理5	E	定量滴灌	2019年9月27日	多云	300	2020年2月24日	多云	300			
处理6	F	定量滴灌	2019年9月27日	多云	600	2020年2月24日	多云	600			
处理7	G	定量滴灌	2019年9月27日	多云	950	2020年2月24日	多云	950			
CK	H										

注：2019年冬季太暖，冻害严重。

（2）试验结果。

①沼液施用对果桑生长的影响。

表3-17可以看出，施用肥料和沼液对果桑生长的影响不明显，果桑在2020年2月8日—13日解包可以达到20%，在2月18日—22日发芽可以达到20%，在3月6日—9日，所有处理的果桑都展叶，开花时间在3月14日—16日，果熟期在4月25日—29日。但是，施用肥料和沼液的果桑枝条长度较对照显著增加（$P<0.05$），尤其是处理1、处理4和处理7的果桑枝条长度较对照分别显著增加了64.19%、63.02%和62.56%，其次是处理2、处理6、处理5、处理3，分别较对照显著增加了53.26%、50.00%、33.95%和31.86%。

表3-17 果桑生长记录表

处理	解包20%	发芽20%	展叶	开花	果熟	枝长/cm	落叶情况
处理1	2月8日—10日	2月18日—20日	3月6日—8日	3月14日—15日	4月27日—29日	253.33±8.14a	2019年11月27日（落叶80%）
处理2	2月10日—12日	2月19日—21日	3月7日—8日	3月15日—16日	4月25日—26日	219.67±4.16b	2019年11月20日—24日（落叶80%）
处理3	2月9日—11日	2月19日—20日	3月6日—8日	3月14日—16日	4月26日—27日	189.00±2.00d	2019年11月14日—16日（落叶80%）
处理4	2月12日—13日	2月21日—22日	3月8日—9日	3月15日—16日	4月26日—28日	233.67±4.93a	2019年11月25日—28日（落叶80%）
处理5	2月11日—12日	2月21日—22日	3月8日	3月15日	4月25日—26日	192.00±4.58d	2019年11月15日—19日（落叶80%）
处理6	2月10日—12日	2月21日	3月7日—8日	3月15日—16日	4月26日—27日	215.00±6.08b	2019年11月22日—26日（落叶80%）
处理7	2月9日—12日	2月20日—21日	3月6日—8日	3月15日—16日	4月27日—28日	233.00±4.58a	2019年11月26日—27日（落叶80%）
CK	2月8日—10日	2月19日—21日	3月7日—8日	3月14日—15日	4月25日	143.33±4.93e	2019年10月29日—11月1日（落叶80%）

注：除落叶时间为2019年，其余时间均为2020年。

②沼液施用对果桑产量和品质的影响。

结果表明，对照单株的果桑产量只有3.70kg，处理4单株产量最高，处理7次之，分别是11.44kg和11.04kg，较对照分别显著增加了2.09倍和1.98倍；各处理果桑的亩产量和干果重量情况同单株产量和干果重量一致，亩产量由高到低依次为2420.67kg、2336.83kg、2081.90kg、2079.47kg、2027.53kg、1971.87kg、1640.00kg，处理4和处理7分别较对照（749.83kg）增加了2.23倍和2.12倍；各处理每亩的干果重量由大到小依次为278.37kg、250.50kg、236.93kg、233.20kg、215.80kg、208.97kg和176.03kg，处理4和处理7分别较对照（84.10kg）显著增加了2.31倍和1.98倍。此外，各处理之间的糖度存在显著性差异（$P<0.05$），处理7和处理4分别较对照显著增加了11.26%和9.65%。

由此可见，施用沼液能增加果桑产量，其中处理4（3t沼液作基肥）和处理7（3t沼液作基肥并追肥3t沼液）的果桑产量最好。

③沼液施用对土壤养分的影响。

结果得出，沼液施用可以提升土壤中全氮、全磷和全钾含量，处理4和处理7的全氮和全磷含量提升最为显著，其中处理4的全氮和全磷含量分别为0.83g/kg和0.82g/kg，比对照增加了43.10%和40.80%，处理7的全氮和全磷含量分别为0.57g/kg和0.55g/kg，比对照增加了24.64%和18.84%（$P<0.05$）。但是，全钾含量没有显著性差异。由此可见，沼液施用可以改善土壤结构，增强土壤肥力，与其他研究结果基本一致。但是本试验中的全钾含量没有显著性差异，可能是由于表层土壤受干扰程度要高于深层土壤，沼液中的有效养分多为可溶性盐，在易发生淋洗和地表径流的表层土壤中容易流失。

（3）结论。

综合考虑施用效果和成本，处理4（3t沼液作基肥一次性施用）的效果最佳，是较为合理的果桑管理方案。

3．效益分析

（1）经济效益。

通过运用沼液最佳施用量的结论数据，大力推进沼液利用，促进果桑产量提高和品质提升，亩均产值提高10%以上，通过肥水同灌体系施用沼液，每亩每年节约有机肥人工施肥成本1000余元。2020年上半年，施用沼液62亩，主营业务果桑收入36.16万元，利润总额12.45万元。

（2）社会效益。

果桑果叶兼用，果实既可鲜食，又可加工开发利用，经济效益好，项目实施还具有重要的示范意义。桑葚各品种成熟期不一致，大概持续1个月，应分批采摘，一般每5 d采收1次。项目的实施将为项目区群众提供就业机会，每次采收可解决周边乡村年龄较大的农村劳动力及家庭妇女务工采摘100多工，基地累计投入年劳动力工资约15万元，促进农业增效、农民增收。

（3）生态效益。

该项目科学实施"沼气生态工程"，科学、合理利用沼液，用沼液替代有机肥，促进了沼液的推广和使用，有利于发展高效生态循环农业，减少农业生产面源污染，提高农产品的产量和品质，提高土壤肥力。

第三节　农牧结合与区域利用

一、兰溪市构建沼液异地配送服务体系，打造农牧对接典范

（一）推荐单位

兰溪市农村能源指导中心。

（二）当地情况

兰溪市是一个传统养猪大市。近年来，兰溪市按照省委省政府"五水共治"、畜牧业转型升级等决策部署，以规模化养猪场污染治理和资源化利用为重点，坚持有保有压的原则，扎实推进畜牧业生态化治理。现全市共保留养猪场138家，所有畜禽养殖废弃物全部经农村规模化沼气工程厌氧发酵处理后通过农牧对接利用到苗木、蔬菜基地。经过几年的努力，兰溪市逐渐形成了以沼液异地配送服务组织为依托，以沼液就地利用为主、异地利用为辅的

沼液利用格局，有效解决了该市每年约600000t沼液的去向问题，减少了农业面源污染，促进了现代生态循环农业建设。

（三）应用示范

1.建立沼液异地配送体系

沼液利用的核心是农牧对接，农牧对接的关键在于沼液利用配套设备设施和沼液配送体系的组建。为实现全市沼液的全量化利用，解决沼液生产的连续性与周边种植业季节性需求的矛盾，兰溪市综合考虑畜禽养殖区域布局、种植业分布等因素，分别建立了城郊、城西和城北3个沼液抽排运输服务站，并以这3个

图3-42 农业控制中心调配全市沼液槽罐车

服务站为核心，引导养殖业和种植业主根据自身需求，配备相应的沼液运输车，实现了以"政府引导为主、企业积极参与"的沼液异地配送服务网络体系（图3-42）。

2.提升配送网络服务能力

沼液抽排运输服务站要求占地面积300m^2以上，满足办公场地、车辆停放等要求，人员配备4人，其中服务站负责人1人，驾驶员3人。每个服务站按标准配备3辆沼液运输专用车，其中6吨位运输车2辆，8吨位运输车1辆。全市种养企业根据需求共配备沼液运输车25辆，现全市共有各类沼液运输车34辆，车辆总吨位135t，年运输能力达到250000t左右，并全部安装GPS监控系统。全市先后建设沼液贮肥池超35000m^3，安装沼液提升泵65台，铺设沼液输送管网超150000m，基本覆盖沼液施用的角角落落，方便农户使用。

3.落实好沼液消纳面积

根据不同作物对沼液需求的季节性和施用量的差异，经过多方征求意见和对比试验，将6个万亩种植基地（1个万亩银杏基地、1个万亩竹柳基地、2个万亩香榧基地、1个万亩粮食基地和1个万亩中药材基地）列为沼液异地

利用的重点，在这基础上逐步扩大到规模蔬菜基地、优质兰花基地、优质芙蓉基地和优质树木基地施用沼液，引导养殖企业与种植基地进行农牧对接，签订沼液消纳协议，全市沼液施用面积超万亩，年可异地消纳沼液超250000t（图3-43）。同时，积极探索引进沼液消纳新品种，2016年在水亭省级生态循环农业示范区200亩种植基地引进金华农科院培育的水生蔬菜（双季茭白），每亩沼液施用量60t以上，仅该基地平均每年可消纳沼液约10000t，有效减轻了示范区内沼液消纳的压力，取得显著的生态效益。

图3-43　沼液异地利用于油菜基地

4. 明确沼液异地配送任务

为进一步细化沼液异地运输利用具体做法，兰溪市明确沼液抽排车的收集范围和年度运输任务。种植企业每辆沼液运输车需结对运输3个规模养猪场的沼液，养殖企业运输车以运输利用本企业的沼液为主，每个沼液服务站承担20个以上规模养猪场的沼液运输任务，凡列入享受政府补助的沼液运输车，要求沼液服务站和养猪场的沼液运输车运输核定每车运力每年2500t以上，其他企业和沼气服务网点的沼液运输车每车运力每年1500t以上。

5. 充分利用好政府补贴机制

为了解决沼液异地利用运输费用问题，兰溪市财政对异地运输本市养殖场的沼液给予每吨10元的补助，根据《兰溪市关于加强养猪场排泄物污染治理工作的实施意见》，制订沼液异地运输利用和猪粪收集加工进行财政补贴的实施细则，建立完整的考核体系，补助主要用于沼液运输车异地运输非种养企业自运自用沼液。2015年至今，累计异地配送享受政府补助沼液300000t以上，补助300多万元。

6. 加大沼液异地配送宣传力度

兰溪市充分利用电视等新闻媒体，开展形式多样的宣传活动，通过树立典型等方式充分展示各类生态循环农业示范项目利用沼液的成效，让广大种植户深入了解沼液利用的成果，有效调动广大种植户利用沼液的积极性。

二、衢江区全区沼液全量化利用

(一) 推荐单位

衢江区农业农村生态与能源科。

(二) 当地情况

生猪产业是衢江区四大农业支柱产业之一，截至2020年年底，全区有规模化养殖场106家，生猪存栏28万余头，正常运行各类农村规模化沼气工程91处（图3-44），总容积超30000m³，年产沼液超200000t。为

图3-44 农村规模化沼气工程

进一步推进农牧对接和农业绿色发展，衢江区建立了三级沼液全量化利用体系，实现沼液的全量资源化利用，沼液施用面积3万多亩，其中水稻约0.5万亩、柑橘约0.5万亩、新垦造耕地1万多亩，其他如茭白、黑麦草等1万多亩。

（三）应用示范

1. 建立三级沼液消纳利用体系

（1）县域大循环利用模式。

图3-45 智能高温发酵罐

该模式以杜泽镇畜禽粪污处理中心和粪污收集与沼液还田运输服务组织为依托，可集中收集并处理全区所有养殖场产生的粪污，沼渣与其他原料混合生产有机肥（图3-45），沼液统一配送至各沼液利用基地或沼液贮肥池进行中转利用。处理中心建有大型沼气工程1处，包括16000 m^3 厌氧池1个、2000 m^3 双膜干式贮气柜1个、40t/d有机肥生产线1条、60t/d沼液浓缩处理生产线1条，日可处理20万头存栏生猪所产生的养殖粪污，日产沼气24000 m^3，日发电52800kW·h，日产沼液1800t。以衢江区昌兴沼液开发有限公司为主体的服务组织配置6辆沼液运输车，为处理中心提供统一运输配送服务，全年配送利用沼液约100000t，沼液利用面积1万多亩。

（2）园区中循环利用模式。

该模式以沼液浓缩液生产为依托，以农业两区种植业为利用主体，建立种植园区中循环利用体系。该模式充分利用沼液浓缩液营养成分高、运输成本低、免过滤等3个优势，将其通过水肥一体化技术应用于设施农业。该模式全年可处理沼液15000t，生产沼液浓缩液约3000t，施用面积0.5万亩。

（3）主体小循环利用模式。

该模式以农村规模化沼气工程为核心，依托养殖场或者种植基地，利用槽罐车、沼液贮肥池（图3-46）和沼液输送管道等沼液利用设施，实现沼液就地就近利用。全区现有50个沼液就地就近利用主体，年可利用沼液约70000t，沼液利用面积约2万亩，覆盖作物包括柑橘、茶叶、黑麦草、蔬菜等。

图3-46 沼液贮肥池

2．集成一套沼液利用技术体系

（1）沼液膜浓缩技术。

该技术是近年来新研发的一种沼液处理技术，核心要点是采用固液分离技术与膜分离浓缩技术处理沼液，沼液浓缩倍率达5～10倍。处理后的沼液20%成为可资源化利用的沼肥，氮、磷、钾等营养物质含量约为原沼液的3倍，可二次深加工成液态配方肥；80%透过液符合环保标准可直接排放或进入养殖场进行循环利用。沼液膜浓缩技术具有出水稳定、处理效果好、自动化程度高等优点，但具有一次性投资大（日处理50t水，投资百万以上）、运行成本高（每吨水10～15元）等缺点。如衢州市宁莲畜牧业有限公司于2014年引进全省首套沼液膜浓缩处理系统，现可日处理沼液100t，年产液态肥3000t。该公司跟种植大户、合作社、家庭农场、农业公司等签订沼液及浓缩液长期供应协议，年利用沼液超10000t、浓缩液超2000t。

（2）水肥一体化技术。

该技术根据土壤环境和养分含量状况、作物不同生长期需水需肥规律情况进行不同生育期的需求设计，借助压力系统，将可溶性固体或液体肥料与灌溉水配兑成肥液，通过可控管道系统和滴头形成滴灌，均匀、定时、定量浸润作物根系发育生长区域，使主要根系土壤始终保持疏松和适宜的含水量。经过滤的沼液或沼液浓缩液可通过水肥一体化技术实现快速、高效利用。

（3）沼液科学施用技术。

根据浙江省《沼液施用与生态消纳技术规范》《沼液综合利用技术导则》以及《单季晚稻沼液施用与生态消纳技术规范》等5种作物的施用技术规范，参考本地长期沼液施用技术实操经验，因地制宜开展沼液在水稻、茭白等作物上的科学施用示范。如水稻种植中，沼液作基肥每亩一次性施用5~8t，均匀灌溉并及时翻耕；分蘖前期每亩一次性施用2~4t，与灌溉水1:1稀释后均匀施用。茭白种植中，沼液作底肥每亩一次性施用10t，分蘖期每亩一次性施用5t，育茭期每亩一次性施用5t，均匀灌溉。

3．效益分析

沼液含有丰富的有机质及氮、磷、钾等营养元素，不仅能够促进作物良性生长，还可以改善土壤条件，提高作物抗病虫害能力，抑制病原菌和寄生虫卵生长。同时，沼液利用为新垦造耕地地力提升提供强大助力，可有效改善新垦造耕地土壤结构板实，有机质含量少，氮、磷、钾养分含量低等多种问题。2020年全区利用沼液超200000t，沼液利用面积约3.28万亩，通过测算，沼液利用可节本增收约2155万元。

沼液资源化利用，对衢江区乃至衢州市社会、经济的发展以及现代化宜居城市形象的建立产生深远影响。沼液利用增加了衢江区的就业岗位，助推生猪粪污全量化处置零排放，反哺生猪养殖业，打破养殖扩容增量环保壁垒，为生猪产业健康发展提供了保障，为生猪保供打下坚实的基础。沼液利用提高了蔬菜等农产品的生产能力和产品品质，为城乡居民提供更多安全、绿色、生态的蔬菜产品，确保"菜篮子"供应，提高广大群众对政府的信任度，有利于维护安定团结的政治局面。

三、浙江永宁弟兄农业开发有限公司农牧结合模式

（一）推荐单位

诸暨市农业技术推广中心。

（二）当地情况

诸暨市是农业大市，全市水稻种植面积近39万亩、蔬菜种植面积11.8万

亩，近年来猕猴桃、蓝莓、葡萄等水果产业发展迅速，水果设施栽培面积达到3万多亩。诸暨市目前有规模化畜禽养殖场80余家，现存农村规模化沼气工程260处，厌氧池总池容30000m^3，年利用沼液237600t，区域总利用面积1.34万亩，主要供养殖场周边农户消纳使用，施用于粮食、蔬菜、水果及香榧等作物。

（三）基地概况

浙江永宁弟兄农业开发有限公司创建于2007年，位于诸暨市枫桥镇永宁村，主营生猪养殖、饲料加工、水稻生产、果蔬种植和家禽养殖，并开发净菜配送及休闲观光等服务项目（图3-47，图3-48）。公司总占地面积2000余亩，其中畜禽养殖场占地180亩，生猪年均存栏9000头、出栏15000头；配套农田面积1800余亩，其中蔬菜基地300亩、水稻基地1500亩。自2007年建成第一座农村规模化沼气工程后，公司就走上了"猪-沼-作物"的农牧结合模式（图3-49），并取得了良好的经济效益和社会效益：生猪产品荣获"无公害农产品证书"，养殖场被评为首批"浙江省美丽生态牧场"，蔬菜基地被认定为"绍兴市美丽放心菜园""绍兴市农产品生产基地质量安全A级单位"，公司在2017年被评为"浙江省省级骨干农业龙头企业"。

图3-47 养殖场全景

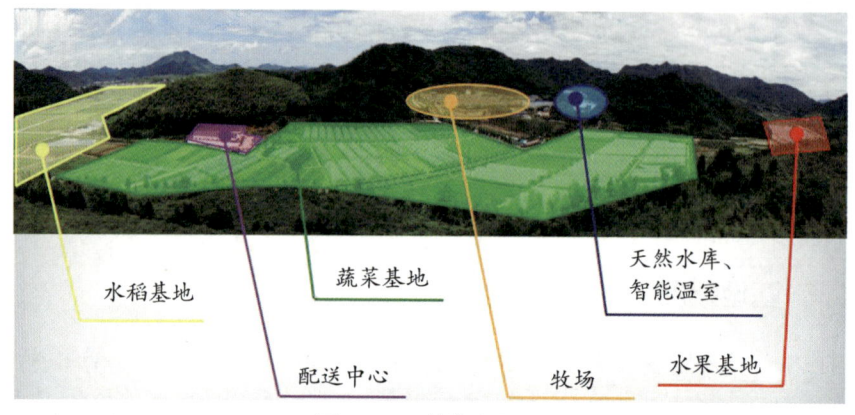

图3-48 总体布局图

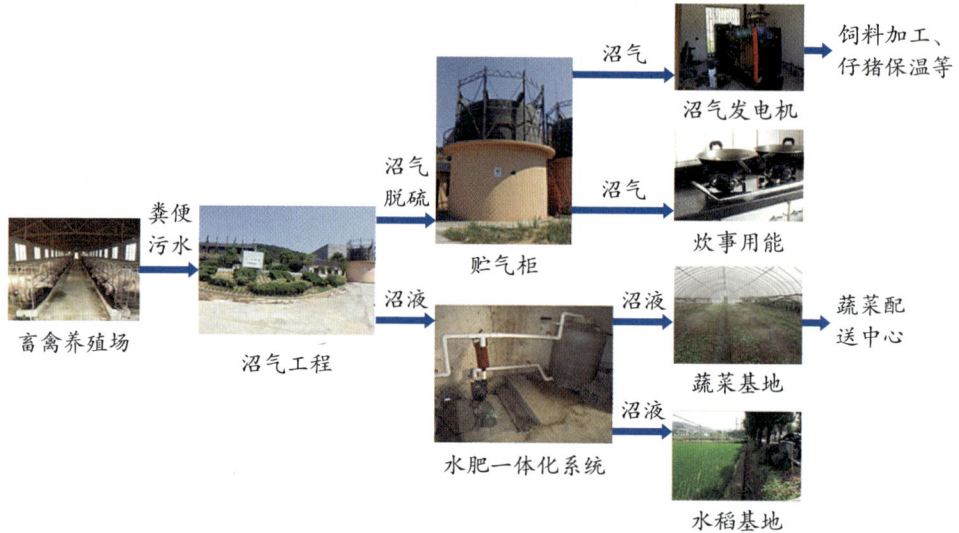

图3-49 农牧结合模式图

(四)应用示范

1. 沼液施用基础能力建设

公司现有厌氧池总容积1900m³、11个总容积为4870m³的贮肥池(最大的2000m³、最小的20m³),年产沼液36500t。现有1名专职管理人员负责沼气工程的安全运行与日常管理,配备3吨位猪粪运输车和5吨位沼液运输槽罐车各1辆、污水泵15台,在蔬菜大棚内安装26800m喷滴灌设施,铺设21500m管道将沼液输送到水稻基地。在126亩猕猴桃基地建设沼液贮肥池

300 m³、配备增压设备1套、配电房18 m²、输送管网316.5 m、喷滴灌设施2370 m。

2．沼液施用途径与施用方法

部分沼液通过喷滴灌设施用于300亩蔬菜基地，主要用于绿叶蔬菜和番茄等瓜果类蔬菜；部分沼液通过管道输送至1500亩无公害稻米生产基地；部分沼液通过槽罐车和贮肥池施用于周边200余亩水果、茶叶、竹林和香榧基地，其中猕猴桃基地126亩。供施用的沼液经多次检测，pH和主要营养成分指标为：pH 7.4、有机质1.2 g/kg、总氮0.65 g/kg、铵态氮0.42 g/kg、总磷0.3 g/kg、总钾0.6 g/kg。

蔬菜沼液施用：主要施用于绿叶蔬菜和番茄等瓜果类蔬菜，每个种植季施用2~3次，除播种前的基肥外，叶菜类蔬菜每个月施用1次，瓜果类蔬菜在花期、果实膨大期各施用1次，施用量为每次每亩1000 kg。

水稻沼液施用：在水稻种植前漫灌每亩10 t作为基肥。

猕猴桃沼液施用：在展叶期前每亩施用2000 kg，展叶期每亩施用2500 kg，挂果期每亩施用4000 kg，采收后每亩施用3000 kg。

3．效益分析

（1）提高作物产量和品质。施用沼液的水稻产量提升10%以上；施用沼液的蔬菜个头明显偏大，产量提升15%以上，且蔬菜口感等品质也有明显提升；施用沼液的猕猴桃亩产量1060 kg，比常规对照田块增产近230 kg，猕猴桃产量显著提高。

（2）经济效益显著。公司通过沼液及有机肥循环利用，每亩减少化肥费用150元左右，年直接节约农资成本30余万元。同时，将沼液喷滴灌减少的人工成本支出和农副产品增产提质带来的综合附加值考虑在内，沼液施用为企业带来的年总体经济效益达200余万元。

（3）生态效益显著。公司种养产业有机结合，实现农业废弃物的规模化处理和资源化循环利用，避免了沼液等污染物的直接排放，有效保护当地生态环境。

四、长兴县"种养结合"沼液利用模式

（一）推荐单位

长兴县农业生态能源中心。

(二)当地情况

长兴县秉承"绿水青山就是金山银山"的发展理念，全面推进农业绿色发展，大力推广"猪-沼-稻（藕）""稻鱼（蛙）共生""芦笋-秸秆-湖羊"等生态种养模式，现有农村规模化沼气工程2处，厌氧池总容积2240m³，年利用沼液30000t左右，主要施用于芦笋、茶叶、水稻、葡萄等产业，区域总利用面积在10000亩以上。

(三)基地概况

长兴和平肥猪阁家庭农场位于长兴县和平镇东山村，农场先后被评为"浙江省美丽生态牧场""浙江省畜禽标准化规模养殖示范场""浙江省示范性家庭农场"（图3-50）。农场现有能繁母猪1500头，存栏生猪15000多头，年出栏商品

图3-50　基地全景

猪30000多头，采用干清粪工艺。农场共建有农村规模化沼气工程2处，厌氧总池容超2200m³，配套建有沼液曝气贮肥池3个，共计总池容750m³，可年产干粪有机肥4000t、沼液超30000t。

(四)应用示范

1.沼液利用基本概况

长兴和平肥猪阁家庭农场坚持农业绿色发展理念，秉承"藏粮于地、藏粮于技"工作思路。2017年，农场在和平镇长城村流转土地300多亩，建成标准化稻鱼共生基地206亩，探索构建"猪-沼-藕"生态循环、"猪-沼-稻"生态循环、"稻-鱼"共生立体种养等生态循环发展模式，不断提升农场农业绿色发展水平（图3-51）。通过试验，基地可亩产杂交水稻超500kg、黑鱼超75kg，实现了"百斤鱼、千斤粮、万元钱"的发展目标。

第三章 沼液应用示范

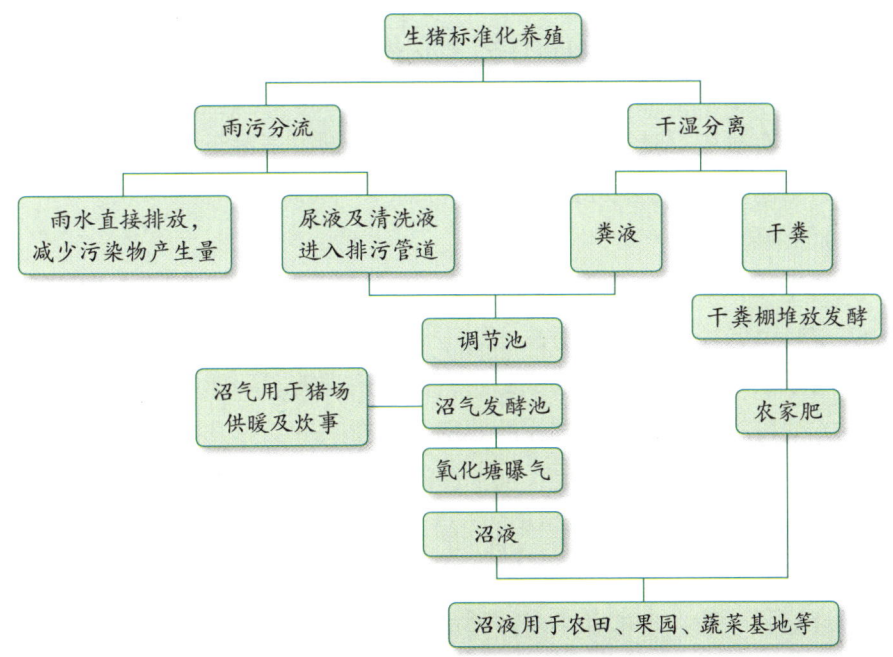

图3-51 猪场粪污资源化利用流程图

为推广和普及沼液肥,农场配备槽罐车2辆,载量分别是9t和12t,并在养殖场周边村落狄家斗村和长城村田间分别新建了200m³和300m³沼液贮肥池,铺设沼液PE管道320m,配备增压水泵3台。沼液经槽罐车、田间沼液贮肥池

图3-52 莲藕基地

用于附近4500多亩粮食功能区(水稻、小麦、油菜)、2100多亩蔬菜基地(莲藕、芦笋、茭白等)(图3-52)、1200多亩白茶基地、1000多亩水果基地(葡萄、桃子、蓝莓),共计约9000亩。

2.沼液施用方法
(1)沼液储运。
猪场排泄物通过地下管道和人工干清粪统一收集,利用吸污泵抽入干湿分离机进行干湿分离。产生的干粪堆积在干粪棚内堆肥发酵制成有机肥，粪水排入沼气池和沼气发酵罐进行微生物厌氧发酵处理，产生的沼气用于农场炊事和沼气发电，形成的沼液进入曝气池有氧发酵，通过微生物进一步生化降解后用作有机肥。处理好的沼液使用密封的槽罐车运至水稻种植基地的田间沼液贮肥池，并通过输送管网施用。

（2）沼液施用。

农场采用"猪-沼-稻"生态循环模式开展沼液施肥。在稻田四周开挖宽1.5m、深1m的环形水道，沼液施用前先根据实际生产需求测算好用量，通过水泵增压按时按量输送到指定田块，流量达到需求后即可关闭水泵停止浇灌。此方法可解决沼液浇灌方式的效率与均衡问题，提升沼液的无害化和利用率。夏季，猪群饮水量增大，加上高温沼气发酵效率高，导致沼液含水量高，浓度较低。冬季反之，沼液浓度较高。

（3）沼液用量。

沼液施肥一般在水稻和小麦播种前，全域浇灌用作基肥，一般在直播稻播种后1个月每亩浇灌沼液30t左右，抽穗前每亩浇灌20t，共追肥2次，沼液直接施用；葡萄、桃子等水果基地一般在果实采摘完成后进行大面积浇灌施肥，每亩用量10t，之后在开花结果期间进行追肥1次，每亩用量10t，直接施用；茶叶基地均在春茶采摘完成后大面积使用水泵增压浇灌，每亩用量5t；蔬菜基地一般在当批蔬菜收割完成后大面积浇灌，每亩用量5t，之后根据蔬菜品种和长势适当追肥1次，每亩用量5t，直接施用。沼液施肥主要是替代化肥的使用，即替代氮肥使用，施用沼液后无须使用尿素。

3. 效益分析

沼液含有丰富的营养物质，长期使用沼液可改善土壤孔隙度、土壤容重等物理性状，提高土壤的通透性和保水能力，缓解土壤的板结酸化，并且增加土壤有机质、氮、磷、钾的含量，提高土壤供肥能力，从而减少化肥使用量。试验证明，农田施用沼肥代替一般农家有机肥，可增产10%左右，将沼肥与化肥按适宜比例混合施用效果更好，可增产30%左右。对比传统化肥施用手段，农田直接施用沼肥可减少成本360元/亩，效益增收达400元/亩。推广和普及施用沼液，能够改善农村生活环境，助力美丽乡村建设提档升级，对农业产业结构转型升级、农民增收致富、农村可持续发展具有重要意义。

五、临安区区域农牧对接典型模式

（一）推荐单位

临安区农村环境管理服务站。

（二）当地情况

2020年，为完善养殖废弃物收集、转化和利用，临安区在养殖较为集中的区域培育沼液农牧结合社会化服务组织5个，建成粪便收集处理中心3个，配备粪污、沼液运输车9辆，农村规模化沼气工程42处，容积21540m^3。全年资源化利用沼液243800t，主要施用于山核桃、竹子、水果、蔬菜、水稻等经济作物和粮食作物，利用面积28882亩。

（三）基地概况

临安万祥农业技术咨询服务部是临安区沼液农牧结合社会化服务组织之一，由杭州正兴牧业有限公司牵头成立。该公司成立于1997年，占地面积约300亩，是一家集畜牧养殖、加工、销售、科技及社会化服务于一体的综合性农业企业。公司拥有荷斯坦奶牛存栏1252头，生猪存栏8500余头，年出栏生猪1.5万头（图3-53，图3-54）。2010年，公司配套建成农村规模化沼气工程1处，其中厌氧发酵罐1000m^3、沼液贮肥池

图3-53 奶牛养殖

图3-54 生猪养殖

4000m³、有机肥加工厂3000m²，年产沼液约21000t、有机肥7000t。2015年，在临安区畜牧主管部门及板桥镇人民政府的支持下，公司投资约50万元，牵头成立临安万祥农业技术咨询服务部，为沼液异地消纳利用提供社会化服务。服务部现有固定职工5人，主要服务板桥镇10家畜禽养殖场。

（四）应用示范

1．沼液利用基本概况

服务部配套建设500t/d大型污水处理设施1套，服务部及水稻、蔬菜、柑橘基地根据自身需求分别配套购置沼液运输车6辆、污泥泵9台（扬程分别为40m、60m、80m）、10t移动式沼液储存罐20个（图3-55），其他沼液贮肥池超1200m³，沼液输送管道5340m，年沼液运输能力超30000t。

图3-55　基地沼液储存罐

沼液异地消纳4500亩，主要通过服务部与种植基地进行对接，包括以杭州爱媛农业科技有限公司1500亩、杭州临安锦兴农业开发有限公司500亩、临安板桥镇洪军农机植保专业合作社2500亩为主体的"水果沼液利用示范点""蔬菜沼液利用示范点""水稻沼液利用示范点"等3个高标准示范基地。

2．效益分析

（1）经济效益。

通过第三方每年异地消纳沼液约21000t，总运行成本约56.7万元/年，折算到每吨沼液的运行成本约27元，主要包括设备折旧、人工工资、运输燃油费、维修保养费等。在实际运行过程中，根据临安区扶持政策，公司全年可获得相关补助31.5万元，剩余部分由养殖企业和种植基地分摊。种植基地施用沼液后，与传统的施用化肥相比，水稻亩产量可提高20%~30%，平均每亩可节本增收约300元，4500亩种植基地整体可节本增收约135万元。

（2）社会效益。

沼液综合利用模式将传统的单一水稻种植模式转变为更为高效的全年连茬种植模式。推广区域内380余户农户的土地利用率明显提高；种养结合、粮改饲等种植方式，也提高了农民种粮种草的积极性，促进了150余户肉羊养殖户的可持续发展。

（3）生态效益。

通过改变化肥施肥模式，每亩水稻田可节约化肥用量66.7%，既提高了水稻、小麦等粮食的产量和品质，又实现了畜禽养殖排泄物资源的综合利用。沼液施用还可有效降低水稻病虫害发生率，改善土壤板结现象。种植产生的水稻、小麦秸秆及黑麦草、饲用甜高粱、青贮玉米等为奶牛、肉羊提供优质青绿饲料，不仅"变废为宝"，而且为秸秆综合利用开辟了新途径，杜绝了农田秸秆焚烧现象，极大地改善了农村生态环境。

六、普陀区六横晨源养殖场沼液资源化利用示范

（一）推荐单位

舟山市农业科学研究院。

（二）当地情况

普陀区位于舟山市东南部。全区现有生猪存栏1.3万头，正常运行农村规模化沼气工程5处，总池容约3000m^3，年可利用沼液9000t，沼液利用面积2300余亩，主要施用于水稻、油菜、水果等。

（三）基地概况

六横晨源养殖场地处六横西南侧，位于棕榈湾村苍蒲坑，2016年年底建成并投入生产，是普陀区唯一一家大型规模化养殖场，先后被评为"浙江省美丽生态牧场""浙江省省级生猪活体储备库""舟山市菜篮子工程基地""舟山市现代化绿色生态生猪标准化养殖基地"。养殖场占地面积28575m^2，年出栏商品猪1.8万头。

(四)应用示范

1. 沼液利用基本概况

养殖场建有农村规模化沼气工程1处,其中厌氧池容1000 m³、贮气柜250 m³、格栅集水池600 m³、沉淀贮肥池300 m³,年产沼气91000 m³,年沼气发电146000 kW·h,年产沼液超30000 t。养殖场自有400亩水稻种植基地,配套建有110 m³贮肥池1个,铺设沼液管道1500 m,年利用沼液约1500 t。养殖场与周边1500亩种植基地签订协议,按照种植用肥需求,通过自有的2辆沼液运输车将沼液配送至田

图3-56 沼液施用于草莓

间地头。种植基地中有钢质大棚5220 m²,大棚内安装有18120 m滴灌管网,主要种植蔬菜、草莓、柑橘等,草莓种植面积约40亩(图3-56),年利用沼液约6000 t。养殖场其余未经利用的沼液统一纳入城镇污水管网。

2. 沼液施用方法

该养殖场沼液经多次检测,pH和主要营养成分指标为:pH 7.8、有机质0.6 g/kg、总氮1.05 g/kg、总磷0.1 g/kg、总钾0.7 g/kg、铵态氮0.75 g/kg。

以水稻种植为例,沼液施用方法为大田浇灌。一般分大田基肥、分蘖期追肥二次施用。作基肥时,可浇灌或泼洒于田面并立即翻耕入土;分蘖期追肥时,由渠道随水浇灌。根据多年多点应用结果,第一年施用沼液的田块,沼液用量控制在每亩15 t以内,基肥和分蘖肥各半,而化肥用量较常规减半,仍可保证稳产高产;第二年施用沼液的田块,用量适当减少。如果从沼液及时消纳的角度来考虑,第一年施用沼液的田块施用量最高可达每亩30 t,但应不施用化肥或仅施用少量磷钾肥料,且第二年施用时应减量并与化肥配合施用。利用污水泵将沼液由贮肥池向沼液管网泵送(雨天禁止泵送),流量为12 m³/h。

以草莓种植为例,沼液施用以追肥为主。沼液经过滤沉淀处理后与水按1:1稀释,浇施作追肥,在草莓生长期浇施4次,每次每亩浇施500~600 kg;

沼液与水按1:2稀释，喷施作叶面追肥，在草莓开花结果期叶面喷施4次，每次每亩喷施50~60kg。通过多年观察，大棚种植草莓施用沼肥后返青早，成活率高，几乎没有死苗；后期植株粗壮，叶色浓绿，抗病性好。

3. 效益分析

"猪-沼-作物"生态模式推广应用效果显著。一是推进农业生产节本增收。沼液作为有机肥源用于草莓等水果种植，可使果实甜度提高0.5%~1%，坐果率增加5%，产量增加10%左右，还能防治各种病虫害，大大减少果园农药用量，提高水果品质，每亩合计增收近600元，400亩草莓基地每年可增收2.4万元。二是改善提升周边环境质量。养殖场废弃物中含有的寄生虫卵和病菌通过厌氧发酵被杀死，减少了有害生物的传播，同时沼液通过农田消纳实现资源化利用，避免了沼液随意排放对周边环境造成的影响。三是推进农业绿色发展。周边种植基地充分利用养殖场生产的有机肥和沼液，实现草莓全程无公害生产，其生产出的草莓果品色鲜、味甜、无公害，受到舟山本地消费者的青睐。

第四章　常见疑问与解答

Q1 沼液有哪些用途？

A 沼液含有作物生长所需的氮、磷、钾等常量元素和锌、铜、锰等微量元素，农田利用中可以替代化肥进行施用，从而减少化肥施用量；同时沼液还保留了丰富的氨基酸、B族维生素、各种水解酶、植物生长素，以及对病虫害有抑制作用的物质或因子，可用于浸种、防治作物病虫害等。

Q2 为什么要进行沼液资源化利用？

A 沼液是经过厌氧发酵后的残留液体，仍属高浓度有机废水，如果未经合理处理和利用而直接排放到环境中，将会造成二次污染。沼液资源化利用有利于实现循环经济和节能减排，有利于保护生态环境和水资源安全，保护土壤和农产品质量安全，有利于养殖业的可持续发展。

Q3 沼液生态安全消纳与简单的沼液灌溉有什么区别？

A 简单的沼液灌溉是指粗放式的直接灌溉，极易出现盲目施用的情况，影响作物生长，造成养分流失，严重时会产生二次污染。沼液生态安全消纳是指科学、合理、安全地施用沼液，在满足作物需肥的同时，又能避免产生二次污染。

Q4 沼液就地利用没有条件，异地配送成本高，有其他好的沼液处置办法吗？

A 沼液利用方式主要包括农田利用、生化处理利用和膜浓缩处理等。其中生化处理利用主要通过强化措施降解去除有机物，实现氮磷养分的回收利用，如鸟粪石结晶法。生化处理利用具有占地面积小、环境适应性好等优点，但一次性基建投资大，需要购置的设备多，技术要求高。膜浓缩处理是把沼液分为浓缩液和透过液两部分，沼液中的绝大部分有机物和离子被截留到浓缩液中，透过液中的有机物和离子浓度很低。膜浓缩处理兼顾了营养物质回收利用和达标排放，但是存在处理成本高、膜污染等缺点。

Q5 沼液消纳地经常变换，如何解决消纳地不稳定的问题？

A 首先要加强畜禽养殖企业与周边种植大户的信息沟通，保证消纳地的持续消纳。其次是加强政府引导，优化沼液运输方式和沼液施用技术，建立沼液周年轮作模式，形成完善的沼液消纳信息网，发挥沼液减肥增效优势，提高农户的沼液施用意愿。

Q6 施用过程中，周边居民反映气味太大，如何解决气味大的问题？

A 沼液施用中的臭气问题的确是沼液使用过程中难以避免的问题，因此，沼液施用时应尽量远离居住区，采取少量多次、施后覆土的方式，减少臭气污染。

Q7 不同养殖场的沼液成分差异大不大？

A 不同养殖场的沼液成分是存在较大差异的，养殖场的清粪方式、养殖品种、养殖规模、沼气工程发酵工艺、运行状况等因素，都会影响沼液成分。

Q8 沼液中的主要污染物有哪些？

A 沼液中的有害物质主要包括重金属、抗生素、激素类及微生物等。由于饲料添加剂中含有铜、锌、锰、砷、镉、铬等重金属元素以及养殖过程中难以避免地需要使用抗生素、激素等畜禽药物，导致畜禽粪污中含有重金属、抗生素、激素等有害物质，即便经过沼气工程处理，也仍有部分重金属、抗生素、激素残留在沼液中。另外，沼液含有种类繁杂的微生物，其中也包括寄生虫卵、病原菌等有害生物。

Q9 沼液中存在多少种重金属，哪种含量最高？

A 沼液中重金属的种类和含量根据发酵原料的不同具有较大的差异。从已有研究和检测结果来看，铜（Cu）、锌（Zn）、汞（Hg）、砷（As）、镉（Cd）、铅（Pb）、铬（Cr）等重金属在沼液中都有存在，通常铜和锌的含量较高，砷、镉、铅、铬等重金属元素在沼液中含量差异较大，汞含量最低。

Q10 沼液中的重金属含量是否超标？

A 目前，浙江省沼液中的重金属含量可参照浙江省地方标准《沼液施用与生态消纳技术规范》（DB33/T 2376—2021）。对浙江省2016—2017年采集的203个沼液样品中的重金属含量进行评估发现，17个样品砷超标，超标率为8.37%，5个样品铅超标，超标率为2.51%，汞、镉、铬均无超标现象。虽然重金属超标现象不多，但是在施用前，还是需要检测样品是否有超标现象。

Q11 长期施用沼液会造成土壤重金属超标吗？

A 土壤中重金属的累积受到沼液中重金属含量、沼液施用量、土壤理化性状和作物吸收等因素的影响，从目前的研究来看，根据作物需肥量合理控制沼液用量，一般不会造成土壤重金属超标。

Q12 沼液施用对农田会不会产生污染？

A 沼液含有一定量的重金属和抗生素，如果长期大量不合理地施用，会存在土壤污染风险。实际应用中需根据作物需肥量与土壤肥力情况，合理控制沼液施用量和施用次数，降低土壤污染风险。

Q13 沼液施用对农作物安全吗？

A 沼液长期施用会导致土壤中重金属和抗生素累积的风险，进而带来农作物中重金属和抗生素累积的风险。相关研究表明，在合理控制沼液用量的前提下，农作物中重金属尚未出现明显的累积，尚未超过国家相应标准。

Q14 沼液可以改良土壤吗？

A 可以。长期施用化肥会导致土壤pH降低，酸性增加，产生板结，土壤肥力降低，而沼液pH多为中性或弱碱性，施用沼液可以有效缓解土壤酸化问题。施用沼液还可以改善土壤团粒结构，降低土壤容重，提高土壤孔隙度。土壤孔隙度的提高可以改善土壤透气性，保证土壤中空气与大气进行交换，使土壤的保水保肥能力得到进一步提升。

Q15 养殖场的消毒水或者其他物质进入沼气池后，沼气已经无法产生，这样产生的沼液还能施用吗？

A 不能。沼气已经无法产生，说明这个沼气工程已经处于不正常运行状态，其所产生的沼液可能已经不符合相关标准，因此不可施用。

Q16 沼液在贮肥池需要存放多久才能施用？

A 沼液施用需要注意沼气工程运行状况和沼液储存时间。通常选择正常产气20d以上的沼气工程所产生的沼液，经氧化塘或贮液池沉淀1~2d以上,方可施用。

Q17 一般情况下沼液里的营养成分如何？如果按化肥养分折算，1t沼液相当于多少氮肥、磷肥和钾肥？

A 沼液养分含量差异较大，农田利用中通常根据沼液含氮量来折算沼液施用量。浙江省沼液组分调查中，沼液总养分平均含量为2.3g/kg，总氮、总磷（P_2O_5）和总钾（K_2O）平均含量分别为1.2g/kg、0.4g/kg和0.7g/kg。沼液中$N:P_2O_5:K_2O=1:0.33:0.58$，其中总氮含量占总养分含量的52.2%，分别是总磷和总钾含量的3.0倍和1.7倍，是沼液总养分的主要组成部分。若按照沼液中总氮含量约1.2g/kg计，1t沼液中氮、磷、钾养分约等于2.6kg尿素、3.3kg过磷酸钙、1.26kg氯化钾。

Q18 如何确定合适的沼液农田施用量？

A 沼液适宜的农田施用量可参照"测土配方施肥"方法。

（1）估算作物的养分需求量。根据作物目标产量和百公斤籽粒养分吸收量，确定作物的养分需求量。

（2）确定化肥投入量。根据土壤养分供应量和养分利用率来确定化肥投入量，化肥投入量=（作物需肥量-土壤供肥量）/养分利用率。

（3）确定沼液替代比例。以化肥氮替代为基准，根据化肥氮运筹中基肥和营养生长期间的氮肥施用比例，确定沼液氮的替代比例。不同作物替代比例有较大的差异，叶菜类蔬菜或黑麦草、苜蓿等绿肥作物可全量替代。

（4）确定沼液施用量和施用时期。测定沼液中氮含量，根据替代化肥氮施用量和施用时期，折算沼液用量。由于沼液氨挥发造成养分损失，折算时沼液用量需乘以1.2~1.5的系数，适当增加沼液用量。由于沼液中磷和钾含量相对较低，计算沼液替代量后，不足的磷和钾可在基肥中施用过磷酸钙和氯化钾补足。

以水稻为例，如水稻目标亩产量为600kg，按照每100kg稻谷吸收氮素2.2kg计算，则每亩需要供应氮素13.3kg。土壤供氮量按照65%计算，则每亩需要投入化肥氮4.7kg，若化肥氮的利用率为30%，需要投入氮肥15.7kg。假设化肥氮的50%由沼液替代，沼液中氮含量为1g/kg，则需要沼液7.85t，由于沼液中氮素利用率偏低，沼液施用量乘以1.2的系数，实际施用量为每亩9.42t。

Q19 施用时如何解决沼液成分不稳定的问题？

A 定期监测沼液养分含量，特别是总氮和铵态氮含量；尽量选择同一沼气工程的沼液，并且尽量以基肥为主。

Q20 沼液在什么时间施用比较合适？

A 沼液农田施用的适宜时期要综合考虑养分损失和应用效果等方面。从养分损失角度来说，沼液中氮素形态主要为铵态氮，一则会通过氨挥发损失，二则会转变成硝酸盐向地下渗漏，此外，夏季沼液施用还容易引起臭气污染，因此夏季高温或多雨季节不适宜施用沼液；从应用效果来说，沼液中氮素占比较大，适宜在作物营养生长期施用，作物生殖生长期或生长后期施用沼液容易造成作物贪青或影响作物品质，因此沼液适宜作基肥或苗肥施用。

Q21 如何解决沼液施用季节性问题？

A 沼液综合利用需要考虑时间和空间匹配的问题。时间匹配是指协调不同季度间沼液产生量和农作物需要量之间的差异，通常通过增加贮肥池、购置储液桶，或者多种作物协调施用的措施，解决沼液产出和施用的时间差问题。单季稻生产区域可以在冬季稻田休闲季节施用沼液，减少沼液贮存压力。空间匹配是指协调沼液产生和利用间的区域不匹配问题，可以通过槽罐车运输等方式增加沼液施用半径，或者利用膜浓缩技术减少沼液体积，开发液体肥或叶面肥等产品，实现沼液高值化利用。

Q22 沼液的施用量和兑水比例怎么把握？

A 沼液施用量主要根据沼液中氮含量来确定，兑水施用时根据常规液体肥氮浓度要求来确定兑水比例。

Q23 如何解决沼液喷滴灌管道容易堵塞的问题？

A 首先选择澄清度高的沼液，其次施用前可采取沉淀、过滤等方法去除沼液中的杂质，或者采用中、远程喷头，每次施用沼液后用清水清洗管道。

Q24 沼液能不能与碱性物质混合？

A 由于沼液中氮素主要为铵态氮，碱性过强时容易造成氨挥发损失，因此，沼液不宜与草木灰、石灰等碱性物质混用。

Q25 为什么沼液要适当深施？

A 沼液中氮素形态主要为铵态氮，施入土壤后容易通过氨挥发损失。而沼液开沟深施或施用沼液后覆土，可以增加土壤胶体对铵根离子的吸附，减少氨挥发，提高氮素的利用效率。

Q26 当无规范，也无经验数据时，在大面积施用沼液前应该做什么？

A 应先了解土壤肥力状况、作物目标产量和常规化肥施用量，再检测沼液含氮量，用于确定沼液施用量和施用时期，建议在大面积施用前先做小规模试验进行验证。

Q27 无条件进行经常性检测时，如何判断异地配送过来的沼液是否可以安全施用？

A 沼液安全施用主要考虑沼液性状和施用量两个因素。如果不具备检测条件，首先观察沼液外观性状，沼液颜色通常为棕褐色或褐黑色，内含一定量悬浮物，静置条件下易分层，气味无恶臭；其次可以询问沼液来自哪个养殖场，沼气工程是否运行正常，如正常运行，再结合外观，大致可判断该沼液质量是否过关，但是考虑到沼液组分差异性较大，施用时尽量以基肥为主，控制用量，可采用少量多次的方式施用，避免沼液过量施用。

Q28 沼液可以施用于蔬菜吗？

A 可以。沼液中可溶性养分含量高，各种养分含量齐全，且含有多种生物活性物质，如氨基酸、微量元素等。蔬菜上合理施用沼液有利于促进蔬菜生长，增加产量，节省肥料成本，而且对蔬菜品质提高具有明显的作用。

Q29 沼液施用在叶菜类蔬菜或瓜果类蔬菜上，哪个效果更好？

A 根据沼液养分含量和作物需肥量合理施用沼液，在叶菜类蔬菜和瓜果类蔬菜上都能发挥非常好的肥效。实际使用中如果瓜果类蔬菜沼液施用过量，会由于氮素投入过量影响瓜果类作物的开花结果。

Q30 沼液可以施用于哪些果树？

A 沼液作为一种优良的液体肥料，能有效补充和平衡土壤养分，并提供作物生长所需的养分，因此，沼液可以施用在所有的农作物上，但实际应用中应根据作物生长特点合理确定沼液施用量、施用方式和施用时期。